AF648564

Norbert Unruh

Organisation und Betriebswirtschaft in der Podologie

Unterrichtsbegleitmaterial und Leitfaden

vnm

Impressum

Bibliografische Informationen der Deutschen Bibliothek
Die Deutsche Bibliothek verzeichnet diese Publikation in der Deutschen Nationalbibliografie; detaillierte bibliografische Daten sind im Internet über http://www.dnb.de abrufbar.

© 2021 Verlag Neuer Merkur GmbH
Verlagsort: Postfach 12 53, DE-82141 Planegg

Alle Urheberrechte vorbehalten. Vervielfältigungen bedürfen der besonderen Genehmigung.

Das Werk einschließlich aller seiner Teile ist urheberrechtlich geschützt. Jede Verwertung außerhalb der engen Grenzen des Urheberrechtsgesetzes ist ohne Zustimmung des Verlages unzulässig und strafbar. Das gilt insbesondere für Vervielfältigungen, Übersetzungen, Mikroverfilmung und die Einspeicherung und Verarbeitung in elektronischen Systemen.

Alle in dieser Veröffentlichung enthaltenen Angaben, Ergebnisse usw. wurden vom Autor nach bestem Wissen erstellt und von ihm und dem Verlag mit größtmöglicher Sorgfalt überprüft. Gleichwohl sind inhaltliche Fehler nicht vollständig auszuschließen. Daher erfolgen alle Angaben ohne jegliche Verpflichtung oder Garantie des Verlages oder des Autors. Sie garantieren oder haften nicht für etwaige inhaltliche Unrichtigkeiten (Produkthaftungsausschluss). Autor und Verlag können für eventuell auftretende Fehler oder Schäden nicht haftbar gemacht werden. Im Text sind Warennamen, die patent- oder urheberrechtlich geschützt sind, nicht unbedingt als solche gekennzeichnet. Aus dem Fehlen eines besonderen Hinweises oder des Zeichens ® darf nicht geschlossen werden, es bestehe kein Warenschutz.

Der einfacheren Lesbarkeit wegen verwendet dieser Leitfaden das generische Maskulinum und damit die verallgemeinernde, grammatikalisch männliche Bezeichnung. Diese ist als geschlechtsneutral zu verstehen, es sind alle Menschen – unabhängig vom Geschlecht – angesprochen.

Norbert Unruh, Organisation und Betriebswirtschaft in der Podologie – Unterrichtsbegleitmaterial und Leitfaden, 1. Auflage 2021

(Fach-)Lektorat: Klaus Busse, Dr. Martina Kliem

Titelgestaltung, Layout und Konzeption: Dagmar Papic

ISBN 978-3-95409-064-8

Druck: Beltz Grafische Betriebe GmbH, Bad Langensalza

Inhalt

1 Einleitung

Sie als Schüler in den podologischen Schulen erlernen einen schönen und zutiefst sozialen medizinischen Heilberuf mit zukunftsträchtiger Perspektive. Und nebenher leisten Sie jeden Tag damit auch einen wichtigen Dienst am Menschen.

Leider unterliegt die Leistungserbringung im Gesundheitswesen heute auch – so wie alle anderen Bereiche der Gesellschaft – dem Gebot der Wirtschaftlichkeit. Sie muss qualitätsgerecht und finanzierbar sein.[1]

Das trifft auch für die Leistungserbringung in der Podologie zu. § 15 Abs. 1 des Vertrages nach § 125 Absatz l SGB V über die Versorgung mit Podologie i. d. F. vom 30. November 2020[2] zwischen dem Verband Deutscher Podologen, dem Deutschen Verband für Podologie (ZFD) e. V. und dem Bundesverband für Podologie e. V. einerseits und dem GKV-Spitzenverband andererseits bestimmt, dass die Leistungen ausreichend, zweckmäßig und wirtschaftlich zu erbringen sind.

Die Qualität Ihrer Arbeit und die vom Gesetzgeber geforderte Wirtschaftlichkeit Ihrer Leistungserbringung müssen dabei nicht zwingend in Konkurrenz stehen.

Qualitativ hochwertig und wirtschaftlich erbracht werden können podologische Leistungen von Ihnen tatsächlich nur in einer gut organisierten und wirtschaftlich gesunden Praxis mit gut ausgebildetem und motiviertem Personal.

Daher beginnt die Sicherung von Qualität und Wirtschaftlichkeit schon mit Ihrer praxisnahen Ausbildung zum Podologen, geht weiter bei der Planung und Einrichtung und dem ordnungsgemäßen

Betrieb von podologischen Praxen sowie bei den podologischen Tätigkeiten am Patienten und endet bei der leistungsgerechten Abrechnung der podologischen Leistung mit den Krankenkassen.

Die vom Gesetzgeber und den gesetzlichen Kassen geforderte Wirtschaftlichkeit bezieht sich natürlich vorrangig auf die Leistungserbringung durch den Podologen und die Kosten seiner Leistungserbringung.

Unausgesprochener, aber unmittelbarer Bestandteil dieser Wirtschaftlichkeit ist auch der Lohn bzw. das Arbeitsentgelt des Podologen.[3] Er will und muss von seiner Arbeit gut leben und seine Familie versorgen können.

Dieses Skript zeigt auf, dass Sie dies auch bewerkstelligen können. Es demonstriert anhand praxisnaher Beispiele, welche wesentlichen sozialen, organisatorischen und betriebswirtschaftlichen Zusammenhänge um und in einer podologischen Praxis zu bedenken sind.

Eingerahmte Texte fassen die zentralen Punkte des jeweiligen Kapitels zusammen. Hilfreiche Merker sind zusätzlich mit einer Glühlampe gekennzeichnet. Mit einer Büroklammer markierte Textteile berichten dazu vom und aus dem Praxisbetrieb meiner Frau.

Die Praxis meiner Frau befindet sich in Heisingen, einem Stadtteil im Süden von Essen. Sie liegt mitten in einer belebten Geschäftsstraße (Heisingen hat davon auch nur zwei oder besser zweieinhalb). Es ist eine Drei-Kabinen-Praxis mit einer Fläche von etwa 75 m^2. Alle drei Kabinen sind ausgelastet. Die dort beschäftigten Podologen betreiben die Praxis als Praxisgemeinschaft und teilen sich die Kosten.

Der Leitfaden richtet sich vorrangig an Sie, die Schülerinnen und Schüler von Podologieschulen. Er soll eine praxisnahe Ausbildungshilfe und ein Ratgeber für die Planung einer wirtschaftlich gesunden Praxis sein. Vermeiden Sie unnötige „Anfänger"-Fehler bei einer der wichtigsten Weichenstellungen in Ihrem Leben. Dazu sind Sie und Ihre Familien zu wichtig. Wagen Sie den Schritt in die Selbstständigkeit. Es lohnt sich.

2 Die podologische Praxis

2.1 Branchenspezifische Kontakte und Beziehungen

Wer heute durch seine Stadt bummelt, findet eine Vielzahl unterschiedlicher Geschäfte und Ladenlokale: Kaufhäuser und Supermärkte, Boutiquen, Schuhgeschäfte, Arzt- und Zahnarztpraxen, Architektenbüros, Rechtsanwaltskanzleien, Beauty- und Fitnessstudios und hin und wieder eine Fußpflegepraxis.

All diese Geschäfte und Ladenlokale sind Wirtschaftsbetriebe mit jeweils ganz eigenen, branchenspezifischen Aufgaben und Kontakten. Sie beschäftigen Menschen, produzieren Waren oder Dienstleistungen und verkaufen diese, zahlen Löhne und Steuern, konsumieren und investieren. Sie alle gehören zum Wirtschaftsleben einer Kommune. Sie halten diese am Leben und machen sie lebenswert.

Auch eine oder Ihre zukünftige podologische Praxis ist so ein ganz normaler Wirtschaftsbetrieb mit ganz eigenen, branchenspezifischen Kontakten und Aufgaben bzw. wird es sein.

„Normal" heißt hier auch, dass eine podologische Praxis normal schwierige, also keine außergewöhnlich schwierigen oder komplexen Anforderungen an ihren Betreiber stellt. Daher gibt es auch keinen Grund, den selbstständigen Betrieb einer solchen Praxis aus persönlicher Unsicherheit von vornherein abzulehnen. Was andere schaffen, schaffen Sie auch.

Wir wollen uns im Weiteren mit ganz praktischen Fragen zu einer podologischen Praxis beschäftigen. Dazu entwickeln wir ein Modell einer Ein-Kabinen-Praxis, sehen uns Kosten und Einnahmen an und überprüfen unsere Erkenntnisse dabei soweit wie möglich an der podologischen Praxis meiner Frau und ihrer bisherigen Berufserfahrungen.

Ziel des Skriptes ist, dass Sie später als ausgebildeter Podologe die Zusammenhänge in einer solchen podologischen Praxis kennen und verstehen, die Geschehnisse in der Praxis künftig richtig einordnen können und auch die Grenzen möglicher Entgeltforderungen bzw. Einkommensgrenzen kennen.

Und wenn sich der Eine oder die Andere danach ernsthaft mit einer eventuellen Selbstständigkeit beschäftigt, haben wir alles richtig gemacht.

Eine podologische Praxis unterhält eine Reihe von notwendigen dauerhaften geschäftlichen Kontakten zu Ärzten und Krankenkassen, zu Lieferanten für Praxisausrüstungen und Verbrauchsmitteln, zu Banken und Versicherungen, zum Finanzamt und zum örtlichen Geschäftsleben. Dazu kommen die sozialen Beziehungen zu Patienten oder Kunden (Abb. 1).

All diese Beziehungen und Abhängigkeiten müssen in irgendeiner Art und Weise geknüpft und gepflegt werden.

Am häufigsten und intensivsten sind dabei sicher die Beziehungen zu Patienten und Kunden und Kontakte zur geschäftskontoführenden Bank, zu den Krankenkassen und zum Steuerberater.

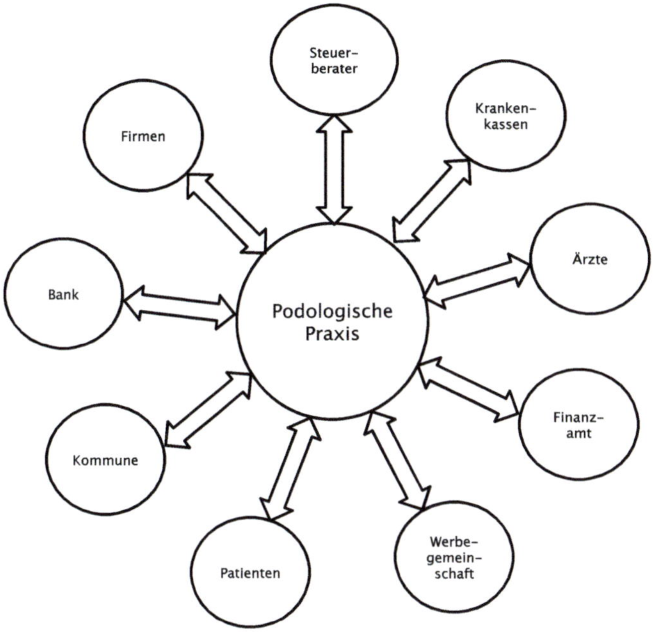

Abb. 1: Geschäftliche Kontakte einer podologischen Praxis

Die Beziehungen zu anderen, den Wirtschaftsbetrieb der Praxis beeinflussenden Partnern dürfen jedoch deshalb nicht vernachlässigt werden. Sie sind nur eben meist nicht so präsent. Zu den nicht ganz so präsenten Beziehungen, weil in der Regel nur einmal genutzt, gehören gegebenenfalls die Beziehungen zur Kommune (zum Bauamt für die Anmeldung einer Gewerbeumnutzung, die Beziehung zum Gesundheitsamt der Stadt wegen der Anzeige des Praxisbetriebes) oder die Beziehungen zum Finanzamt.

Die Beziehungen zum Finanzamt sind wegen der vielfältigen und für den Laien unübersichtlichen steuerrechtlichen Regelungen besonders schwierig. Deshalb betreut ein Steuerberater diese Beziehungen für meine Frau.

Nicht aufgeführt sind hier nachbarschaftliche Beziehungen zu angrenzenden Geschäften und benachbarten Anwohnern.

Gleichwohl sind diese sozialen Beziehungen für den wirtschaftlichen Erfolg Ihrer Praxis genauso wichtig wie Ihre persönlichen Beziehungen zu Patienten und Kunden. Sie gestalten das unmittelbare soziale Umfeld Ihrer Praxis.

In unmittelbarer Nachbarschaft der Heisinger Praxis befinden sich ein Hörgeräteakustiker, zwei größere Märkte, nämlich REWE und NKD, ein Fitnessstudio, eine Arztpraxis und gegenüber ein Beautysalon, ein Restaurant und ein Bäcker.

Menschen reden miteinander; am liebsten über andere. Dies erfüllt eine wichtige soziale Funktion. Mit diesem „Über Andere reden" holen sich die Menschen die nötige Bestätigung Dritter für ihre Ansichten, Meinungen, Einstellungen oder Handlungen. Es ist unter normalen Umständen ein soziales Korrektiv. Dieses kann aber in beide Richtungen wirken; es bestärkt oder relativiert.

Auch Geschäftsinhaber sind nur Menschen, die den „Neuling" in ihrer Nachbarschaft beschnuppern und beurteilen, eventuell mit dem vorherigen Praxisinhaber vergleichen und miteinander über ihn reden.

Daher ist es wichtig, sich nicht isoliert zu sehen, sondern sich harmonisch in das Wirtschaftsleben vor Ort einzufinden.

Die Geschäftsinhaber im unmittelbaren Umfeld der Praxis meiner Frau sorgen untereinander für ein weitgehend konfliktfreies Umfeld, indem sie miteinander reden, sich gegenseitig mit Klein- oder Wechselgeld aushelfen, benötigte Waren und Dienstleistungen nach Möglichkeit beim Nachbarn kaufen und die Annahme von Postsendungen für den Nachbarn übernehmen.

Die Patienten und Kunden, die Sie mit Ihren Praxisleistungen ansprechen, sind nicht immer unproblematische Menschen:

- Sie sind unter Umständen häufig einsam und ohne Partner.
- Sie unterliegen aufgrund ihrer krankheits- und/oder altersbedingten Beschwerden oftmals einem über lange Zeit andauernden Leidensdruck.
- Sie schämen sich mitunter (grundlos) für körperliche oder andere Gebrechen und dass sie nicht mehr perfekt funktionieren.
- Manchmal haben sie aufgrund ihrer sozialen Stellung einen höheren oder überhöhten Anspruch an das Erscheinungsbild und die Ausstattung Ihrer Praxis, an die Qualität Ihrer Leistungen und an den Umgang mit Ihnen.

Und auch sie reden beim Einkauf im Supermarkt, im Wartezimmer des Arztes, im Seniorenclub, im Verein oder beim Kaffee beim Bäcker um die Ecke über ihre Erlebnisse und Eindrücke.

Diese Unterhaltungen landen dann ganz häufig auch durch die Patienten in den Behandlungsbereichen der Heisinger Praxis. Dort werden sie während der oft 30-minütigen Behandlung mit den Patienten ausführlich besprochen. So bekommen die Podologen ein echtes Feedback zu ihrer Arbeit.

Diese **Mund-zu-Mund-Werbung** fördert oder nimmt Ihnen den Patienten- und Kundenkreis. Daher müssen Sie im persönlichen Kontakt all diesen unterschiedlichen Menschen mit ihren unterschiedlichen Erwartungen gerecht werden mit der Qualität Ihrer Arbeit und vor allem mit Ihrem persönlichen Interesse für ihre Belange und Geschichten.

Sie können es natürlich nicht jedem recht machen, aber Sie sind problematischen Patienten auch nicht hilflos ausgeliefert. Patienten gleichen ihre subjektiven Erwartungen mit der erhaltenen podologischen Leistung ab. Die ordnungsgemäß ausgeführte podologische Leistung ist aber aufgrund der fachlich und vertraglich vorgegebenen Anforderungen stets annähernd gleich.

Kundenzufriedenheit wird demnach weniger durch die fachliche Leistung der Podologen als vielmehr durch die Kundenerwartungen bestimmt. Diese Kundenerwartungen können oft durch offene und transparente Kommunikation durch die Podologen beeinflusst, gesteuert und korrigiert werden.

Die Podologen in der Heisinger Praxis arbeiten für die Patienten und Kunden sichtbar nach podologischen und anerkannten Hygienegrundsätzen. Sie öffnen die steril verpackten Instrumente vor den Patienten. Die Podologen informieren die Patienten über das Warum und Wie der Hygiene, der Therapie und der nächsten Behandlungsschritte. Sie hören sich während der Behandlung die Lebensgeschichten und aktuellen Probleme der Patienten an, fragen nach, trösten diese und muntern sie soweit wie möglich auf. Sie gratulieren zu Geburtstagen, freuen sich mit den Patienten und Kunden über schöne Familienfeiern und Urlaube.

All dies führt zu sozialer und fachlicher Akzeptanz, zu realistischen Kundenerwartungen und vollen Terminkalendern. Diese Patienten kommen in der Regel gern wieder.

Ein solches persönliches Interesse ist keine Einbahnstraße. Patienten und Kunden setzen sich auch selbst dabei ein, bringen selbstgebackenen Kuchen mit, geben Tipps und Hilfen für Urlaube oder Kindererziehung oder für die Wohnungssuche.

Podologen arbeiten also nicht nur fachmännisch am Fuß, sie arbeiten vor allem mit dem Menschen.

Sie, die sich für den Beruf eines Podologen entschieden haben, sind überwiegend sehr sozial eingestellte Menschen. Der Berufsalltag eines Podologen kommt Ihrer sozialen Einstellung bzw. Motivation sehr entgegen. Von daher haben Sie mit Ihrer Berufswahl alles richtig gemacht.

2.2 Beziehungen innerhalb der podologischen Praxis

Nachdem wir die branchenspezifischen äußeren Geschäfts- und sonstigen sozialen Beziehungen beleuchtet haben, betrachten wir jetzt die inneren Zusammenhänge einer podologischen Praxis.

Eine podologische Praxis mag auf den ersten Blick recht kompliziert und undurchschaubar wirken. Sie lässt sich aber wie andere Arbeitsplätze oder Betriebe auch zur besseren Veranschaulichung der Anforderungen und Zusammenhänge als Arbeitssystem mit unterschiedlichen Systemelementen begreifen.

So ein Systemmodell vereinfacht die Zusammenhänge und schärft dadurch den Blick für die wesentlichen Zusammenhänge (Abb. 2).

Nun wird sich der Eine oder die Andere fragen, was das alles mit einer podologischen Praxis zu tun hat.

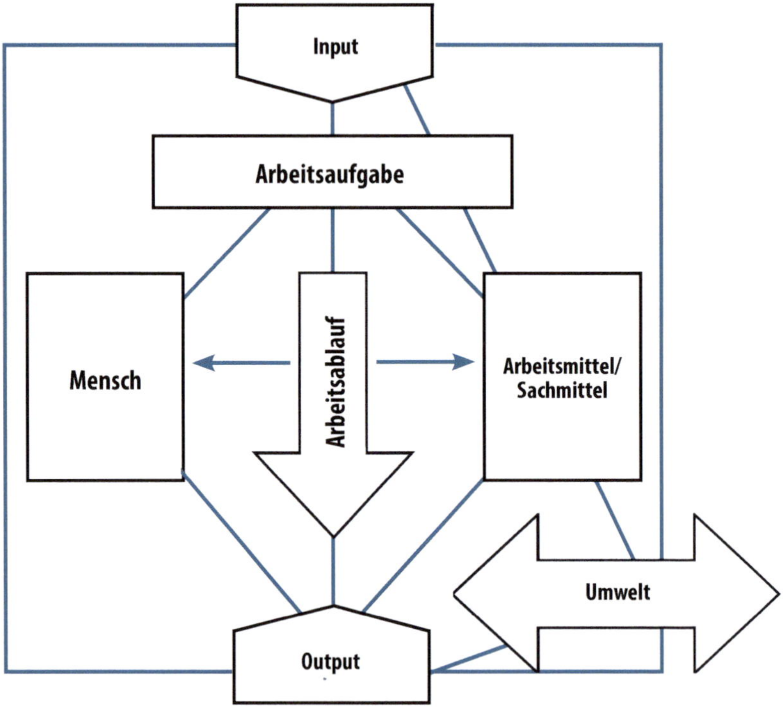

Abb. 2: Gestalten von Arbeitssystemen nach arbeitswissenschaftlichen Erkenntnissen; Begriffe und allgemeine Leitsätze (nach DIN EN ISO 6385:2004 (vormals DIN 33400) und REFA); siehe auch Rainer Bokranz/Lars Kasten, Organisationsmanagement in Dienstleistung und Verwaltung, 2. Auflage 2000, Seite 136; Seite 10; neu gestaltet und modifiziert vom Autor

Abb. 3: Die podologische Praxis als Blackbox

Betrachten wir unsere podologische Praxis zunächst als Blackbox. Wir wissen nicht, was sie beinhaltet (Abb. 3).

Als angehende Podologen wissen Sie, dass ein Patient mit Beschwerden in eine podologische Praxis hineingeht und irgendwann ohne oder mit gelinderten Beschwerden wieder herauskommt (Abb. 4).

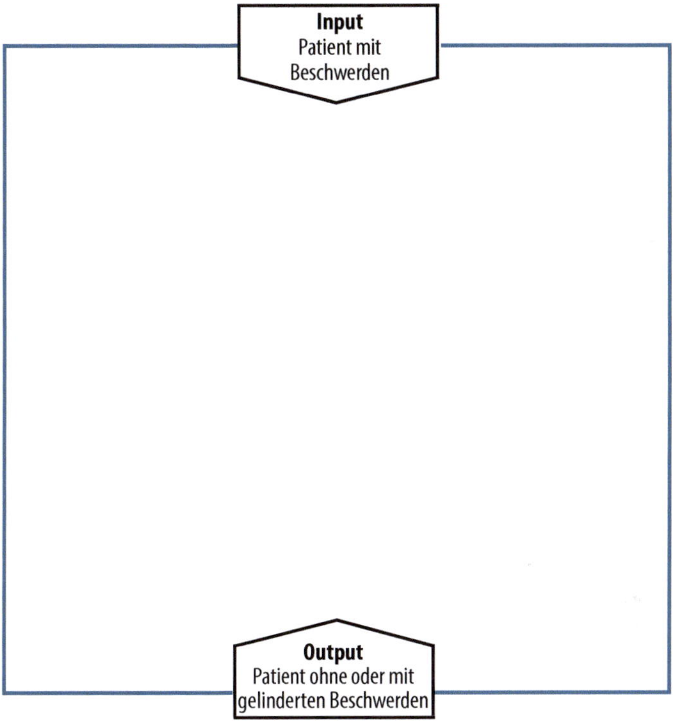

Abb. 4: Die podologische Praxis, In- und Output

Der Input ist im Systemmodell die Person, das Werkstück oder die Information, die bearbeitet wird. Der Output ist die behandelte Person, das fertig bearbeitete Werkstück oder die verarbeitete Information.

Damit sind unsere Elemente „Input“ und „Output“ schon mal definiert. Es sind die Patienten, die kommen (Input) und wieder gehen (Output).

Der Patient, der als Input in die podologische Praxis hineingeht, hat ein gesundheitliches Problem am Fuß. Meist bringt er eine Heilmittelverordnung oder ein Privatrezept mit, worauf der behandelnde Arzt die Arbeitsaufgabe formuliert (Abb. 5).

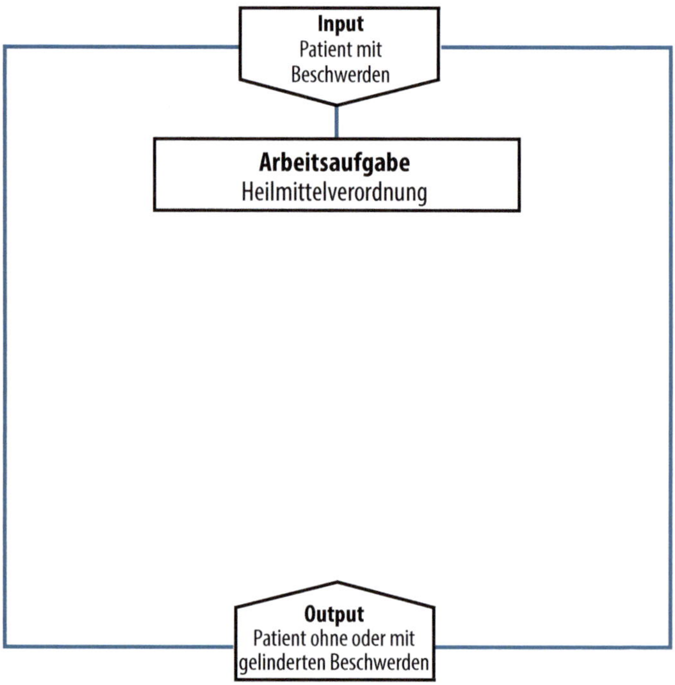

Abb. 5: Die podologische Praxis, Arbeitsaufgabe

Eine Arbeitsaufgabe ist eine Aufforderung an einen Aktionsträger (Mensch oder Maschine), bestimmte Tätigkeiten zielgerichtet und in richtiger Reihenfolge auszuführen.

Aktionsträger ist in der podologischen Praxis der Podologe (Abb. 6).

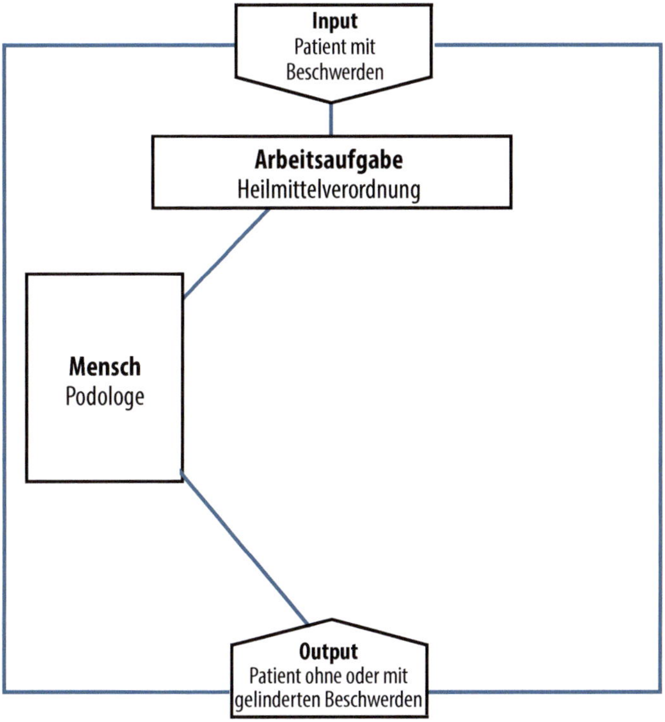

Abb. 6: Die podologische Praxis, Aktionsträger

Ein Podologe ist nicht einfach jemand, der Nägel schneidet und Füße eincremt. Ein Podologe ist ein Spezialist, der durch eine einschlägige Ausbildung fachlich in der Lage ist, die Tätigkeiten gemäß der Arbeitsaufgabe zielgerichtet und in richtiger Reihenfolge auszuführen.

Daher werden an die Berufsbezeichnung bzw. das Berufsbild des Podologen erheblich höhere Ansprüche gestellt als an das eines Fußpflegers.

Die Abgrenzung zwischen beiden Berufsbildern beschreibt das Gesundheitsamt des Kreises Mettmann mit einem undatierten Serienbrief wie folgt:

„Medizinische Fußpflege bedeutet Krankenbehandlung i.S. von Heilkundeausübung und ist den Ärzten und Heilpraktikern vorbehalten; sie darf auf der Grundlage ärztlicher Verordnung auch durch Podologen ausgeführt werden.

Der Fußpfleger wird im Vorfeld der medizinischen Versorgung tätig und beschäftigt sich mit der Pflege und Prophylaxe des gesunden Fußes. Diese Abgrenzung wird auch von der Bezirksregierung Düsseldorf als Aufsichtsbehörde geteilt.“[4]

Wer die Berufsbezeichnung „Podologin“ oder „Podologe“ führen will, bedarf also zwingend der Erlaubnis. Die Bezeichnung „Medizinische Fußpflegerin“ oder „Medizinischer Fußpfleger“ darf nur von Personen mit einer Erlaubnis oder einer Berechtigung oder staatlichen Anerkennung nach § 10 Abs. 1 geführt werden (§ 1 Satz 1 PodG).

Der Schönheitssalon gegenüber der Heisinger Praxis warb früher mit der Leistung „medizinische Fußpflege“, ohne dass dort ein ausgebildeter Podologe tätig war. Anfangs war das schon ein ziemliches Ärgernis. Diesem lag die Befürchtung zugrunde, Umsatz an nicht rechtmäßige Konkurrenz zu verlieren. Die Umsatzentwicklung der Heisinger Praxis zeigte mit der Zeit aber, dass es tatsächlich von Anfang an keine Konkurrenzsituation gab. Beide Praxen haben ihre eigene Zielgruppe und können problemlos nebeneinander existieren. Heute wirbt die Schönheitspraxis nicht mehr mit „medizinischer Fußpflege“.

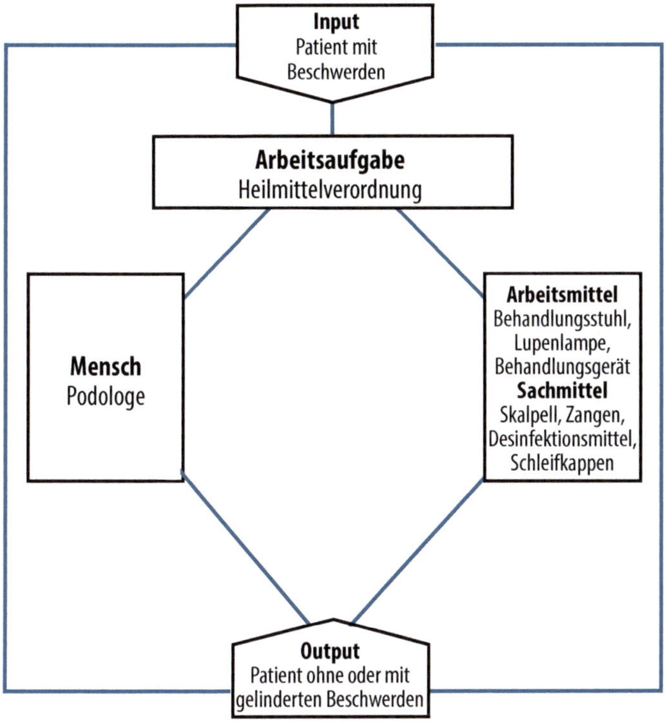

Abb. 7: Die podologische Praxis, Arbeits- und Sachmittel

Der Podologe wählt die von ihm benötigten Arbeits- und Sachmittel aus (Abb. 7) und beginnt entsprechend der vom Arzt vorgegebenen Therapie und/oder auch auf der Grundlage eigener Befunderhebung mit der Abarbeitung der richtigen Behandlungsschritte in der richtigen Reihenfolge (Abb. 8).

Der Arbeitsablauf ist das räumliche und zeitliche Zusammenwirken des Aktionsträgers und der Arbeits-/Sach- bzw. Verbrauchsmittel zur Erreichung des Therapiezieles.

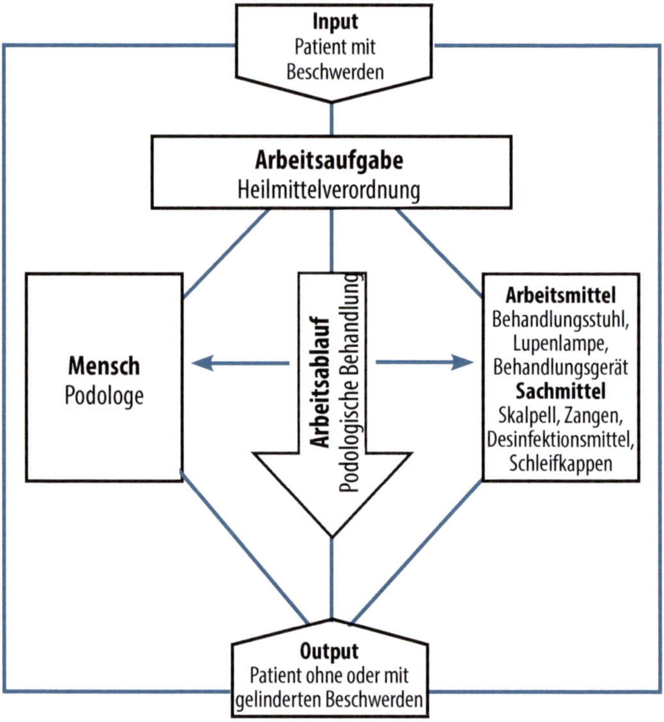

Abb. 8: Die podologische Praxis, Arbeitsablauf

Die eingangs beschrieben sozialen und Geschäftskontakte sowie eventuelle Lärm- und Staubbelastung, Witterung und gesetzlichen Regelungen wie die aktuellen Vorschriften zum Pandemiegeschehen Covid-19 gehören zu den Umweltbedingungen, die in irgendeiner Weise auf das Praxisgeschehen einwirken (Abb. 9).
Damit sind alle Elemente des Arbeitssystemmodels „Podologische Praxis" beschrieben.

Anhand dieser Darstellung des Arbeitssystems lässt sich ein typisches kundenbezogenes Geschehen in der podologischen Praxis einfach und in zeitlicher Reihenfolge darstellen:

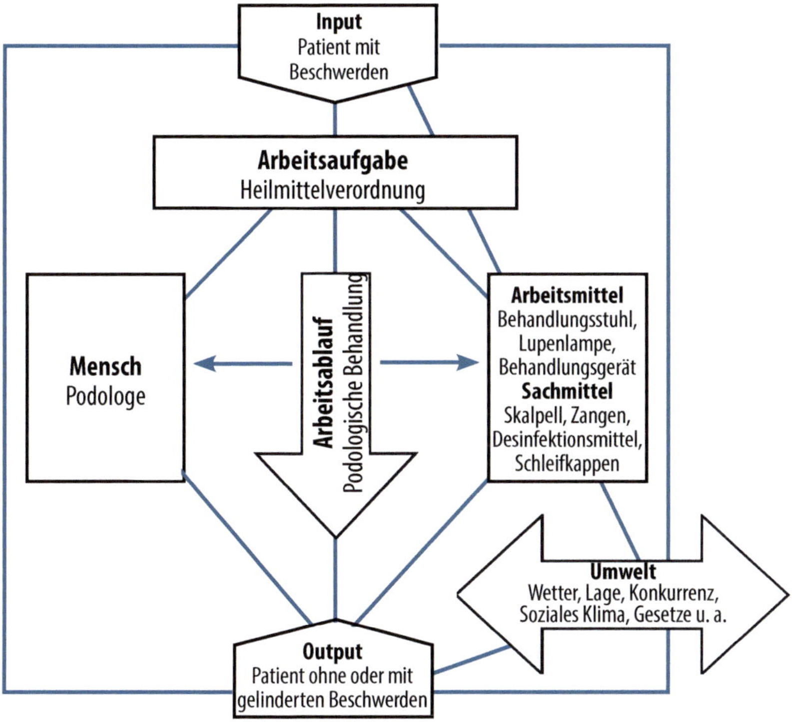

Abb. 9: Die podologische Praxis, Umwelt

❶ Als Input kommt ein Patient mit einer Heilmittelverordnung zur Praxistür in unser Arbeitssystem „Podologische Praxis“ hinein.

❷ Diese Heilmittelverordnung gibt die ärztlich verordnete Arbeitsaufgabe vor und ist eine Aufforderung an den Podologen, bestimmte Tätigkeiten in richtiger Reihenfolge zur Erreichung des Therapieziels auszuführen.

❸ Der Podologe übernimmt die ärztlich vorgegebene Aufgabe, macht eine eigene Befunderhebung und trifft die Entscheidung, ob er die Aufgabe erfüllen kann oder nicht. Übernimmt er die Aufgabe, wählt er auf der Grundlage seines Befundes und seiner fachlichen Ausbildung das am besten geeignete Behandlungsverfahren aus. Anderenfalls schickt er den Patienten zum Arzt zurück.

4 Er bestimmt entsprechend des gewählten Behandlungsverfahrens die erforderliche Ausrüstung sowie die notwendigen Arbeits- und Verbrauchsmittel.

5 Mittels der Arbeits- und Verbrauchsmittel führt er die Behandlung an dem Patienten in der richtigen Reihenfolge bzw. dem richtigen Ablauf entsprechend der fachlichen Anforderungen aus.

6 Nach erfolgter Behandlung verlässt der behandelte Patient als Output die Praxis bzw. unser Arbeitssystem durch die Praxistür.

7 Der Podologe passt im Patienten- bzw. Kundenkontakt sein Verhalten seiner Umwelt an, z. B. dem Patienten bzw. seiner Erwartungshaltung oder Gefühlslage oder sonstigen äußeren Bedingungen wie Witterung, und gestaltet das Umfeld in der Praxis und der Behandlungskabine entsprechend den sonstigen Umweltbedingungen. Dazu zählen z. B. Hilfestellung leisten beim Aus- und Ankleiden der Füße, Bereitstellen von Getränken und eventuell Fußbädern bei hohen Temperaturen, Auslegen von Zeitschriften und Büchern zur Überbrückung von Wartezeiten.

Der künftige Podologe beschäftigt sich in seinem Arbeitsalltag regelmäßig mit diesen sieben Systemelementen. Sie bestimmen einen wesentlichen Teil seines Arbeitsalltages.

Tut er es nicht, wird sich dies früher oder später beim Umsatz und/ oder dem erzielten Gewinn negativ bemerkbar machen.
Jedes der sieben Elemente hat eine ganz bestimmte Rolle bzw. Funktion im Arbeitssystem inne. Es herrscht also eine Art Arbeitsteilung. Damit die Elemente zweckgerichtet und gesetzeskonform zusammenarbeiten, bedarf es Regeln, gesetzlicher, vertraglicher und ähnlicher Regeln wie z. B. §§ 2 und 12 SGB V, Medizinproduktegesetz, Arbeitszeitgesetz, Hygieneverordnung oder ihrem Vertrag nach

§ 125 BGB, aber vor allem auch organisatorischer Regeln. Organisatorische Regelungen werden durch den Praxisbetreiber getroffen und sind im Rahmen der Gesetze frei gestaltbar. Sie sollten aber dem Zweck des Arbeitssystems dienen; das heißt, sie sollten den Bedürfnissen aller Systemelemente entsprechen um eine günstige Arbeitsumgebung zu schaffen. Sie sind immer ein Kompromiss; z. B.:

- Wenn der Aktionsträger Podologe ein Nachtmensch ist und die Regel festlegt, nachts zu öffnen, wird weniger oder gar kein Input in die Praxis kommen.
- Wenn der Aktionsträger Podologe einzelne Arbeitsaufgaben bevorzugt, wird der Arbeitsablauf nicht mehr die Bedürfnisse des Inputs / der Patienten erfüllen mit der Folge, dass weniger Input in das System kommen wird.
- Wenn einseitig den Bedürfnissen der Patienten entsprochen wird, leiden der Aktionsträger Podologe, der Ablauf und die Arbeitsmittel.
- Wenn der Aktionsträger Podologe die Arbeitsmittel nicht pflegt, wird ihre Lebensdauer sehr begrenzt sein.

Wenn also die organisatorischen Regelungen nicht oder nicht ausschließlich dem Organisationszweck, sondern auch oder überwiegend persönlichen Interessen oder Befindlichkeiten des Aktionsträgers dienen, dann leidet die Wirtschaftlichkeit der Leistungserbringung des Systems bzw. Ihrer Praxis und damit Ihr Einkommen.

Der Podologe muss sich bei der Gestaltung seiner organisatorischen Regeln immer nach dem Organisationszweck richten.

Die Elemente des Arbeitssystems benötigen wir später noch einmal bei der Ermittlung der Risiken (*vgl. Kapitel 8 Risiken für den Arbeitsablauf und Risikovorsorge*).

3 Organisationszweck der Praxis

Eines vorweg: Eine podologische Praxis ist ein gewinnorientiertes Wirtschaftsunternehmen. Sie betreiben eine podologische Praxis allein wegen des Gewinns.

Nur der Gewinn der podologischen Praxis sichert den Lebensunterhalt des Podologen und versetzt ihn in die Lage, für seine Familie aufzukommen.

Deshalb sind in der podologischen Praxis alle Tätigkeiten und Prozesse vom Praxisbetreiber und allen dort Beschäftigten auf die Gewinnerzielung hin auszurichten.

Podologen sind aber häufig sehr sozial eingestellt und tun sich manchmal schwer damit, alle Tätigkeiten in der Praxis der Gewinnerzielung unterzuordnen. Das führt aber früher oder später zu Problemen.

Meine Frau hatte zu Beginn ihrer Selbstständigkeit die gleiche soziale Einstellung. Sie wollte den Patienten, die bedürftig erschienen, mit Preisnachlässen helfen und ihre Mitarbeiterinnen gut und fair bezahlen. In der Folge waren die Kosten zu hoch und die Einnahmen zu gering. Sie konnte sich jeden Tag abrackern, ohne dass sie auf einen grünen Zweig kam. Sie musste deshalb drastische Veränderungen vornehmen: Preise erhöhen bzw. angleichen an die Entgelte der GKV und eine Mitarbeiterin zur Kostenreduzierung entlassen. Beides waren keine schönen Entscheidungen. Sie gingen einerseits gegen das soziale Empfinden meiner Frau und andererseits gegen die Erwartungen der nun nachteilig Betroffenen. Es ist deshalb für alle Beteiligten besser, das Geschehen in der und um die Praxis von Anfang an dem Organisationszweck unterzuordnen. Trotz dieser Entscheidungen ist meine Frau ebenso sozial wie vor diesen Entscheidungen, nur eben ein bisschen differenzierter.

Einziger Organisationszweck einer podologischen Praxis ist also die Erstellung und der Verkauf von podologischen Leistungen. Das ist der alleinige Entstehungsgrund der Praxis.

Ein Wirtschaftsbetrieb zu sein heißt aber auch, dass die podologische Praxis mit den Ressourcen Geld und Zeit effektiv und effizient wirtschaften muss. Sonst steigen die Kosten und der Gewinn sinkt.

Die podologische Praxis arbeitet effektiv, wenn sie die Dinge richtig tut. Sie arbeitet effizient, wenn sie die richtigen Dinge tut.

Welche Dinge richtig sind, behandeln wir in *Kapitel 5 Aufgaben einer podologischen Praxis*.

4 Die Verantwortung des Podologen

Der Impuls, helfen zu müssen oder zu wollen und dabei Leistungen eventuell kostenfrei oder zu einem geringeren Preis abzugeben, entspricht nicht dem Organisationszweck der Praxis (Gewinnerzielung durch Erstellung und Verkauf von podologischen Leistungen).

Daraus entstehen regelmäßig Zielkonflikte mit dem Organisationszweck und der Verantwortung des Podologen für die podologische Praxis.

Die tägliche Praxis meiner Frau zeigt, dass die individuellen sozialen Probleme des so begünstigten Patienten auch in der Zukunft fortbestehen werden oder sich der Patient später bei Wegfall der sozialen Probleme auch nicht entsprechend äußert.
Auch kommt es – insbesondere am Beginn der Praxisgründung – vor, dass der Praxisbetreiber Angst vor Lücken im Terminkalender und vor Umsatzausfällen bekommt und versucht, diese mit der Abgabe von preisreduzierten podologischen Leistungen zu kompensieren. Auch das ist schädlich für das Betriebsergebnis.

Sozialer Nebenaspekt der Gewinnerzielung des selbstständig arbeitenden Podologen ist, dass die Arbeitsplätze in der Praxis und der Lebensunterhalt der Familie des Praxisbetreibers gesichert werden.

Der Praxisbetreiber übernimmt daher mit der Fokussierung auf den Organisationszweck seiner Praxis zugleich eine angemessene soziale Verantwortung.

Meine Frau gewährte aus übertriebenem sozialen Empfinden und umsatzsteigernden Überlegungen heraus Preisreduzierungen für Ehepartner und übernahm teilweise die Mehrwertsteuer für Selbstzahler ohne Privatrezept.
Diese Preisreduzierungen für einzelne Personen oder Personengruppen ließen sich später kaum oder nur mit erheblichen Schwierigkeiten korrigieren und rückgängig machen.
Bei Preisreduzierungen als Mittel der Wahl wäre eine zeitliche Befristung der Preisnachlässe im Rahmen von Werbeaktionen für das Betriebsergebnis wesentlich weniger schädlich gewesen.

Preisnachlässe schmälern den Wert Ihrer eigenen Arbeit. Sie verkaufen sich damit für weniger, als die GKV bereit ist zu zahlen.

Die Praxis in Heisingen zeigt auch, dass Sie die ungewollt freie Zeit besser zur Werbung nutzen sollten, um sich und Ihre Praxis und Ihre Praxisleistungen persönlich bei Ärzten im Umfeld oder in nahegelegenen Pflegeheimen und Krankenhäusern, professionellen oder wohlhabenden Sportstätten oder Golfclubs sowie im näheren Umfeld der Praxis vorzustellen und bekannt zu machen. Auch können Sie als überzeugendes Argument dabei vorschlagen, dass sich jemand vor Ort die Praxis, die Hygiene und die Arbeit in der Praxis ansieht.
Dazu bot die Praxis meiner Frau bei adäquater Bezahlung zeitlich befristete Aktionen wie „Nägel schneiden an Kinderfüßen“ an. Auf diese Weise kann einerseits die Arbeitszeit gefüllt werden und andererseits haben Sie schon mal die Mütter oder Omas der Kinder als potentielle Kunden in der Praxis.
Damit übernahm meine Frau Verantwortung für ihre Praxis und ihre Familie und war so auch zufriedener mit sich.

5 Aufgaben einer podologischen Praxis

Podologie ist die nichtärztliche Heilkunde am Fuß. Staatlich geprüfte Podologen erkennen und behandeln Krankheitssymptome am Fuß, führen die medizinisch notwendige Prophylaxe und entsprechende Therapien durch und beraten in Fragen rund um die Fußgesundheit. Sofern erforderlich leiten sie den Patienten an Fachärzte weiter. Podologen sind befähigt, Ursachen für Schmerzzustände am Fuß zu beheben, z. B. durch die individuelle Anfertigung von Hilfsmitteln wie Orthesen zur Entlastung oder Orthonyxiespangen zur nicht operativen Nagelkorrektur.[5]

Podologie unterstützt und begleitet Menschen jeden Alters, die in ihrer Bewegungsfähigkeit eingeschränkt oder von Einschränkungen bedroht sind. Ziel ist, sie von akuten Fußproblemen zu befreien und vor eventuellen Folgeschäden zu schützen. Hierbei dienen spezifische Therapietechniken und -verfahren, Umweltanpassung und Beratung dazu, dem Menschen Bewegungsfähigkeit und -freiheit im Alltag und eine Verbesserung seiner Lebensqualität zu ermöglichen.[6]

Die Aufgabe einer podologischen Praxis besteht demnach primär in der Ausübung von Tätigkeiten zur nichtärztlichen Heilkunde am Fuß. Das ist zugleich ihre Hauptaufgabe. Diese wird von den GKV vergütet.

Hauptaufgaben kennzeichnen den Organisationszweck des Arbeitssystems.

Damit verdienen Sie später Ihr Geld. Um aber die podologischen Aufgaben ausführen zu können, bedarf es neben der Erledigung der Hauptaufgabe unbedingt der Erledigung weiterer unterstützender Aufgaben bzw. von Nebenaufgaben:

- kaufmännische Aufgaben,
- buchhalterische Aufgaben,
- das angestellte Personal führen und leiten,
- Werbung konzipieren und organisieren,
- Reinigungs- und Hygienearbeiten ausführen,
- Patienten bzw. Kunden betreuen.

Diese Nebenaufgaben sind erforderlich, damit die Hauptaufgabe bzw. der Organisationszweck erfüllt werden kann. Nebenaufgaben dienen damit mittelbar dem Zweck des Arbeitssystems.

Werden diese Nebenaufgaben vernachlässigt, wird sich dies früher oder später am Betriebsergebnis negativ bemerkbar machen.

Darüber hinaus gibt es immer mal wieder zusätzliche Aufgaben, wie „Pakete für das Nachbargeschäft annehmen“, „Straßenfest organisieren“, „Wechselgeld für das Nachbargeschäft heraussuchen“ oder Ähnliches zu übernehmen.

Zusätzliche oder Zusatzaufgaben haben nichts mit dem Organisationszweck der Praxis – der Erstellung und dem Verkauf von podologischen Leistungen – und nichts mit den zu erledigenden Haupt- und Nebenaufgaben zu tun.

Alle diese in einer podologischen Praxis auftretenden Aufgaben lassen sich ordnen und gliedern. Die Aufgabengliederung muss dabei vernünftig sein und soll einen praktischen Nutzen ergeben.

Vernünftig ist eine Aufgabengliederung, wenn sie logisch und nachvollziehbar ist und über mehrere Ebenen hinweg immer konkreter und vorstellbarer wird.

Der praktische Nutzen ergibt sich daraus, dass die konkreten (Teil-) Aufgaben am Ende der Gliederungskette durch ihre Aufzählung und durch die anschließende logische Prüfung ihrer Abfolge immer vollzähliger werden und eventuell daraufhin analysiert werden können, ob diese (Teil-)Aufgaben vom Praxisbetreiber selbst oder anderweitig erledigt werden können.

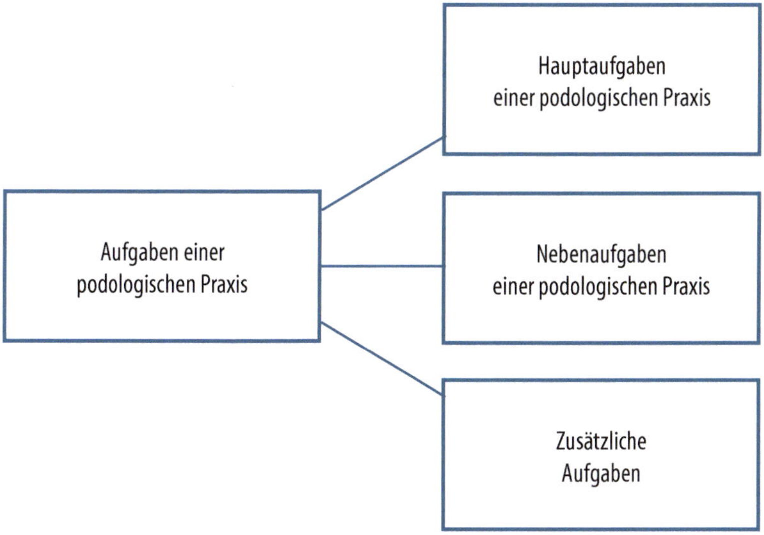

Abb. 10: Aufgaben in einer podologischen Praxis, 1. Ebene

Die erste Stufe unserer Aufgabengliederung steht bereits fest (Abb. 10).

Mit dieser Aufgabendifferenzierung kann man aber noch nicht viel anfangen. Also werden die einzelnen Aufgabenarten systematisch weiter differenziert (Abb. 11).

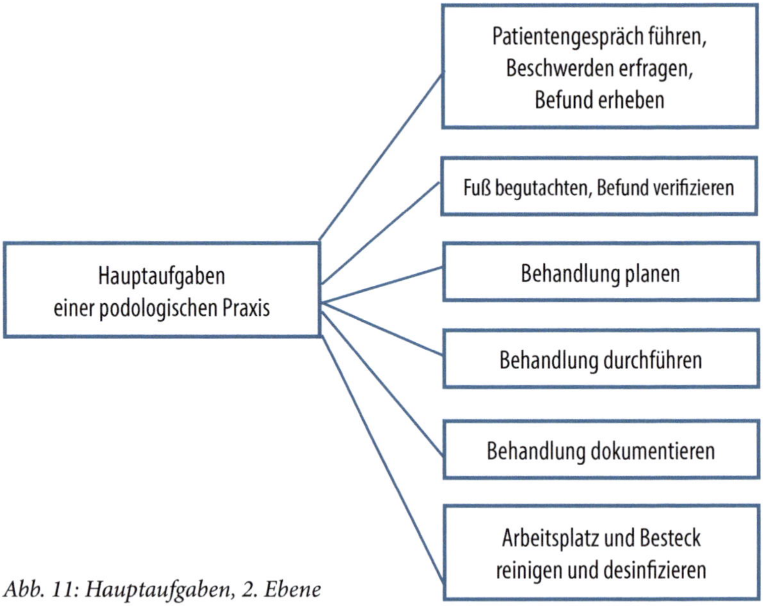

Abb. 11: Hauptaufgaben, 2. Ebene

Mit diesem Detaillierungsgrad kommt man schon etwas weiter. Die Prüfung der Abfolge der (Teil-)Aufgaben ergibt einen logischen und nachvollziehbaren Ablauf der Ereignisse ohne erkennbare Lücken. Es ist bereits ein wesentlicher Teil des logischen Arbeitsablaufes in einer podologischen Praxis zu erkennen.

Auch die angesprochenen notwendigen Nebenaufgaben lassen sich weiter konkretisieren, zunächst nach ihren Aufgabenfeldern (Abb. 12).

Hinter den jeweiligen Aufgabenfeldern verbergen sich spezifische Aufgaben, diese gilt es zu finden. Die Nebenaufgaben müssen also noch weiter konkretisiert werden (Abb. 13).

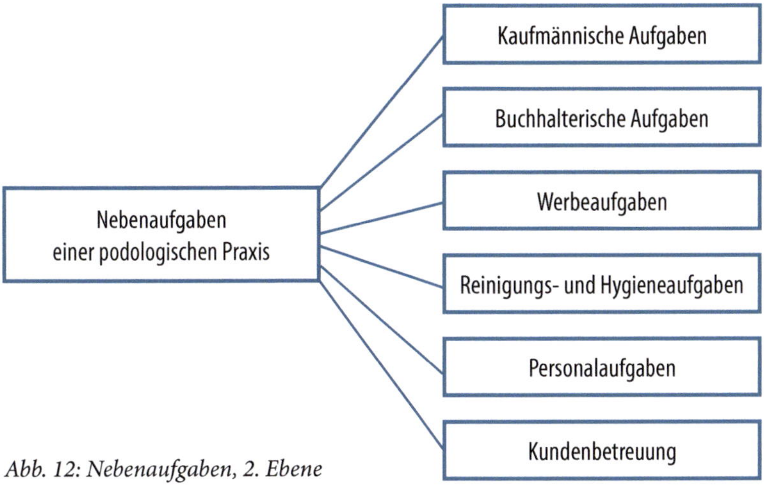

Abb. 12: Nebenaufgaben, 2. Ebene

Nach Prüfung der Aufgaben stellen wir zunächst einmal ihre Vollständigkeit fest. Sollte sich zu einem späteren Zeitpunkt trotzdem erweisen, dass einzelne Aufgaben fehlen, können wir sie problemlos ergänzen.

Während die ersten fünf Nebenaufgaben bzw. Aufgabenfelder aus Abb. 12 bzw. 13 obligatorisch sind, ist die Kundenbetreuung die Kür. Spätestens hier beginnen sich podologische Praxen voneinander zu unterscheiden.

Hier ist Kreativität gefragt. Der künftige Praxisbetreiber macht sich an dieser Stelle schon mal Gedanken darüber, was mit der Kundenbetreuung erreicht werden soll und wie sie aussehen könnte.

In der Heisinger Praxis beginnt Patienten- bzw. Kundenbetreuung bereits an der Eingangstür. Patienten bzw. Kunden werden freundlich angesprochen. Termine werden flexibel vergeben. Muss der Patient in der Praxis warten, stehen in einer Wartezone Stühle bereit. Zur Verkürzung von Wartezeiten liegen für die Patienten Zeitschriften aus. Für das leibliche Wohlbefinden werden Kaffee

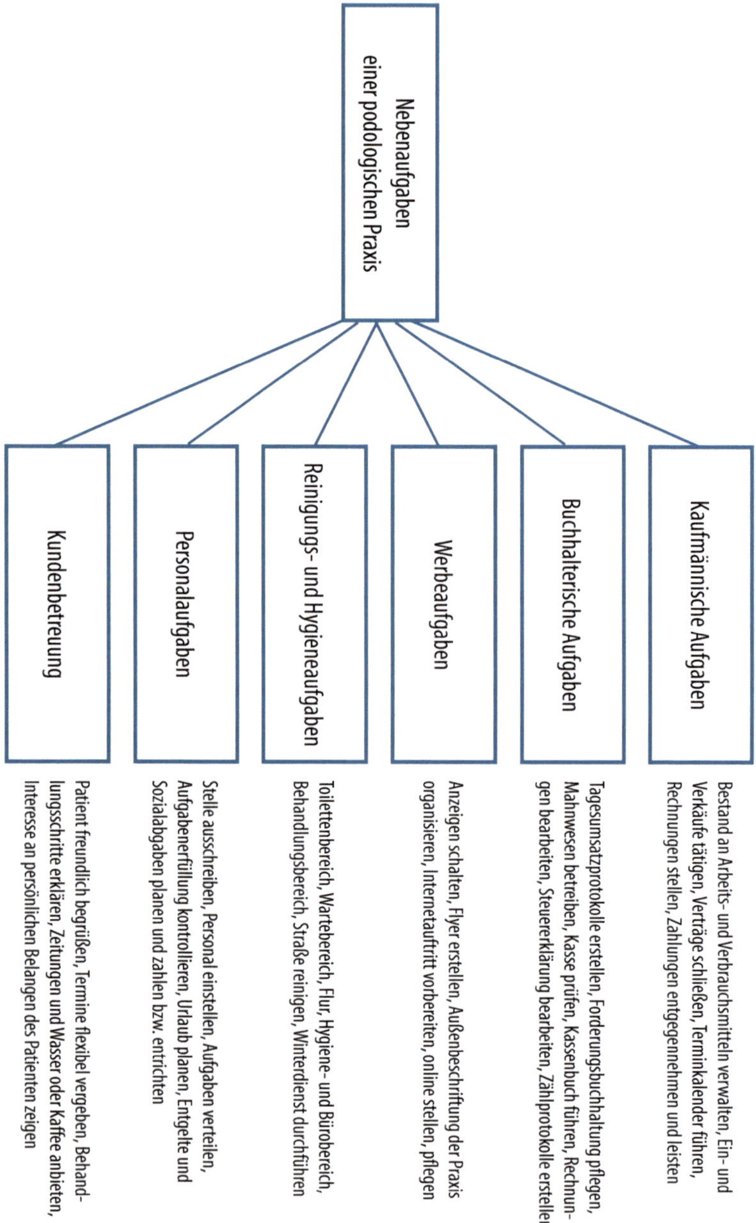

Abb. 13: Nebenaufgaben, 3. Ebene

oder Wasser gereicht. Behandlungsschritte und -alternativen werden dem Patienten ausführlich erklärt. Die Podologen hören dem Patienten zu und gehen auf ihre Beschwerden und persönlichen Belange ein. Ziel dieser Kundenbetreuung ist, den Patienten an die Praxis und den behandelnden Podologen zu binden.
Man könnte zusätzlich – stets unter Berücksichtigung der geltenden Datenschutzbestimmungen – etwa zwei Tage nach der Behandlung beim Patienten den Behandlungserfolg abfragen oder Geburtstagslisten führen und dem Patienten eine Grußkarte zum Geburtstag zukommen lassen.

Kundenbetreuung kostet Zeit und Geld. Der Praxisbetreiber muss deshalb letztlich selbst entscheiden, wie weit er sich engagieren will. Aber guter Kundenservice hebt Ihre podologische Praxis aus der Menge der anderen Praxen heraus und erleichtert es Ihnen, erfolgreich am Markt zu bestehen.

Auch wenn der künftige Praxisbetreiber Zusatzaufgaben grundsätzlich meiden sollte, gibt es unterschiedliche Arten von Zusatzaufgaben:

- nichtumsatzsteigernde und
- umsatzsteigernde und damit dem Betriebsergebnis dienliche Zusatzaufgaben.

Die Zusatzaufgaben lassen sich demnach weiter differenzieren:

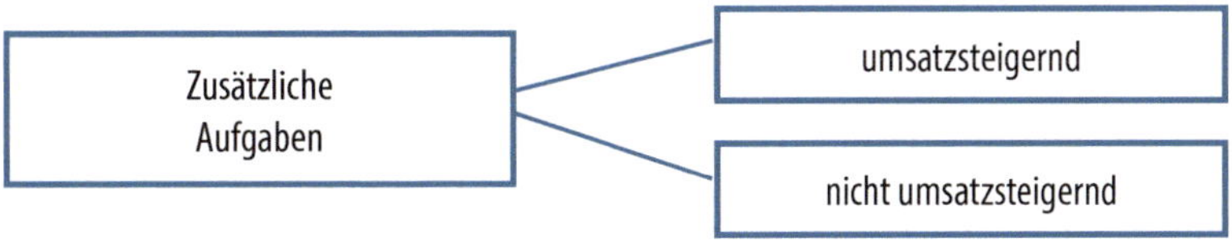

Abb. 14: Zusätzliche Aufgaben, 2. Ebene

Bereits hier lässt sich feststellen, dass nicht umsatzsteigernde zusätzliche Aufgaben grundsätzlich vermieden werden sollten. Sie dienen nicht der Gewinnerzielung.

Trotzdem kann es aus Gründen der Nachbarschaftspflege oder der Imagebildung für die Praxis förderlich sein, sich hin und wieder mit derartigen Aufgaben zu befassen.

Die Heisinger Praxis nimmt aus Gründen der Nachbarschaftspflege Pakete für die Nachbarschaft an, hilft mit Wechselgeld aus und beteiligt sich an der Organisation des Straßenfestes.

Auf keinen Fall sollten Sie nichtumsatzsteigernde zusätzliche Aufgaben dauerhaft erledigen. Sie kosten Zeit und Geld und bringen keinen Gewinn.

Die zwei festgestellten Typen von zusätzlichen Aufgaben sind des besseren Verständnisses und der Brauchbarkeit der Aufgabengliederung wegen weiter aufzuteilen (Abb. 15).

Diese Auflistung von möglichen Aufgaben ist nicht abgeschlossen. Täglich können neue Aufgaben hinzukommen und müssen dann von Ihnen neu bewertet werden.

Wenn eine neue Aufgabe hinzutritt oder an die Praxis herangetragen wird, muss überlegt werden, ob es eine Haupt-, Neben- oder wenigstens eine umsatzsteigernde Aufgabe ist. Diese Aufgaben sollten vom Praxisbetreiber natürlich regelmäßig wahrgenommen werden.

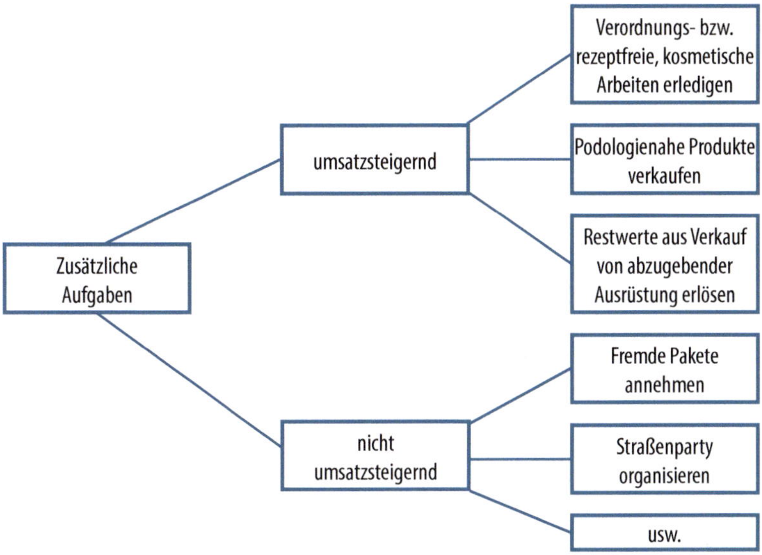

Abb. 15: Zusätzliche Aufgaben, 3. Ebene

Da es bei umsatzsteigernden zusätzlichen Aufgaben nicht um die Erfüllung des eigentlichen Organisationszweckes der podologischen Praxis geht, setzen die GKV und das Finanzamt hier harte Grenzen.

Der erwirtschaftete Umsatz aus kosmetischer Behandlung und dem Produktverkauf darf prinzipiell 50 Prozent nicht übersteigen. Ansonsten ist die Einstufung der Praxis als Heilmittelerbringer in Gefahr.

6 Ablauf in der podologischen Praxis

Wie wir gesehen haben, fallen in einer podologischen Praxis regelmäßig eine Vielzahl von Haupt- und Nebenaufgaben an.

Um die podologischen Leistungen wirtschaftlich und auf qualitativ hohem Niveau zu erbringen, kommt es jetzt darauf an, die Vielzahl der Einzel- bzw. Teilaufgaben in eine sinnvolle, zielführende Reihenfolge zu bringen.

Auch wenn nachstehender Ablauf in verschiedenen Praxen in einzelnen Details unterschiedlich sein kann, wird er doch überwiegend ähnlich gestaltet sein (Abb. 16).

Für die weitere Betrachtung ist nicht die identische Reihenfolge der Abarbeitung der unterschiedlichen (Teil-)Aufgaben wichtig, sondern dass im (Bearbeitungs-)Ablauf alle wesentlichen (Teil-) Aufgaben erfasst sind.

Für die Planung einer podologischen Praxis ist es sinnvoll, solch einen Arbeitsablauf zu erarbeiten und diesen später im täglichen Betrieb als Standard- bzw. Routineablauf einzuführen.

Eine solche Routine schafft Sicherheit und versetzt Sie in die Lage, bestimmte Tätigkeit sehr sicher, schnell und souverän auszuführen. Sie hilft somit, Fehler zu vermeiden und einen gewünschten Qualitätsstandard zu erreichen und zu sichern.

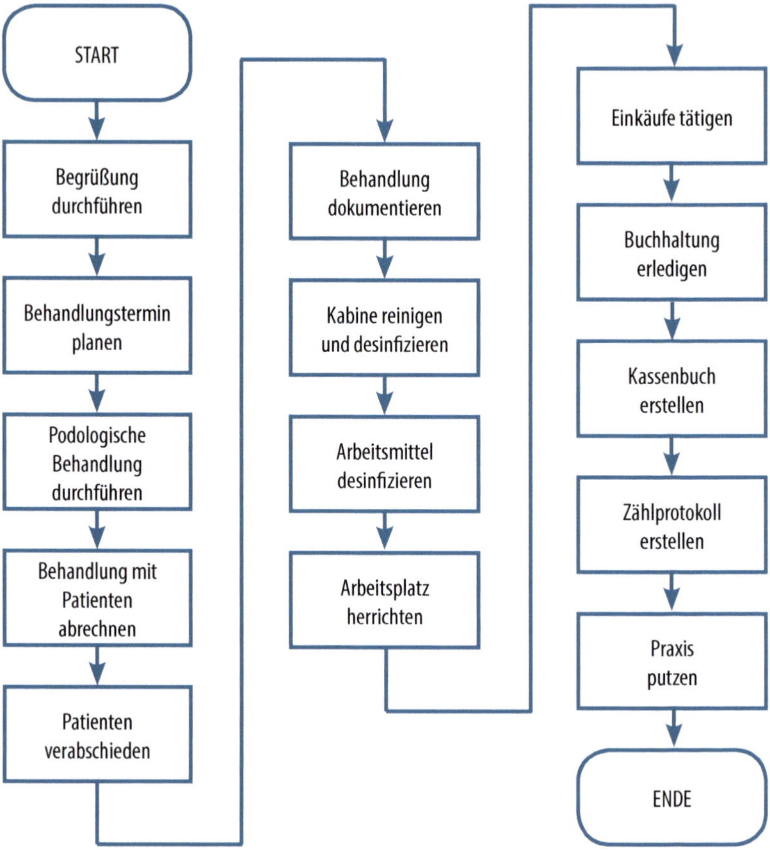

Kapitel 6

Abb. 16: Arbeitsablauf in einer podologischen Praxis

Der Ablauf in der Mehr-Kabinen-Praxis in Heisingen sieht so wie beschrieben aus. Der Ablauf ist jedem Podologen bekannt. Das hilft, Arbeiten wie Terminplanung, Desinfektion und Einkauf zusammenzufassen und Zeit zu sparen.

7 Regelbehandlungszeit/ Regelleistungszeit

Die Regelbehandlungszeit der unterschiedlichen Heilmittel bestimmte § 8 Abs. 1 der Rahmenempfehlungen über die einheitliche Versorgung mit Heilmitteln für den Bereich Podologische Therapie in der Fassung vom 1. September 2015 zwischen dem GKV-Spitzenverband und den maßgeblichen Spitzenorganisationen der Heilmittelerbringer auf Bundesebene im Bereich der Podologischen Therapie Verband Deutscher Podologen e. V. (VDP) und Zentralverband der Podologen und Fußpfleger Deutschlands e. V. (ZFD) in Verbindung mit Anlage 1.

Die Regelbehandlungszeit umfasste nach Nr. 6 der Anlage 1 die Durchführung der Therapieleistung mit dem Patienten sowie die anderen unter Nummer 2 und 10 genannten Leistungen einschließlich der Vor- und Nachbereitung.

Mit der Einführung des Vertrages nach § 125 Absatz 1 Sozialgesetzbuch für Podologie in der Fassung vom 30. November 2020 und seiner Anlage 1 zum 1. Januar 2021 ändert sich der Sprachgebrauch von „Regelbehandlungszeit“ in „Regelleistungszeit“.

Die Regelleistungszeit umfasst nach Nr. 3 Teil 2 Maßnahmen der Podologischen Therapie der Anlage 1 zum Vertrag nach § 125 Absatz 1 SGB V über die Versorgung mit Leistungen der Podologie und deren Vergütung vom 30. November 2020 neben

- der Therapiezeit auch
- die Vor- und Nachbereitung sowie die Dokumentationsarbeiten.

Inhaltliche Änderungen des Begriffsinhaltes sind nicht ersichtlich. Beide Sprachregelungen meinen die Bearbeitungszeit – die Zeit, die Sie insgesamt für einen Patienten aufwenden müssen. Sie umfasst wie bisher auch alle Vorbereitungsarbeiten, die podologische Therapie und alle Nachbereitungsarbeiten.

Wichtig sind dabei auch die im Vertrag nicht genannten Leistungen:

- Nacharbeiten wegen Qualitätsmängeln oder
- Arbeiten zur Fehlerkorrektur.

Derartige Leistungen sind nicht berücksichtigt. Sie werden durch den Podologen verursacht und von den Krankenkassen nicht vergütet. Die Kosten dafür muss der Praxisinhaber in der Regel selbst tragen oder die Kostenteilung mit dem Patienten verhandeln.

Da die Regelleistungszeit auch die Vor- und Nachbereitung, also die ganze Palette der Aufgaben des (Bearbeitungs-)Ablaufes umfasst, ist sie sach- bzw. anforderungsgerecht auf die einzelnen Aufgaben des Ablaufes aufzuteilen.

Der größte Zeitanteil sollte zum Wohle des Patienten und im Sinne des Organisationszwecks der podologischen Praxis logischerweise auf die Hauptaufgabe der podologischen Praxis, der Erbringung podologischer Leistungen am Patienten, entfallen; der kleinere auf die Nebenaufgaben.

Bis zur Inkraftsetzung des Vertrages nach § 125 Absatz 1 SGB V über die Versorgung mit Leistungen der Podologie und deren Vergütung vom 30. November 2020 zum 1. Januar 2021 galten die Rahmenempfehlungen über die einheitliche Versorgung mit Heilmitteln gemäß § 125 Abs. 1 SGB V für den Bereich Podologische Therapie in der Fassung vom 1. September 2015 mit ihren Anlagen. Diese beschrieben zwar die Leistungsinhalte und die Regelbearbeitungszeiten, teilten aber die Bearbeitungszeiten nicht in „Therapiezeit" und „Zeiten für Vor- und Nachbereitung inklusive Dokumentation" auf. Deshalb musste der Podologe die Regelbearbeitungszeiten selbstständig auf die einzelnen Aufgaben verteilen.

Der Verbandsjurist des ZFD meinte auf Nachfrage, dass folgende Verteilung unproblematisch sein sollte:

- zwei Drittel der Bearbeitungszeit für die podologischen Arbeiten am Patienten,
- ein Drittel der Bearbeitungszeit für die Erledigung der Nebenaufgaben.

In der täglichen Praxis hat sich aber herausgestellt, dass die Bearbeitung der Nebenaufgaben regelmäßig und unabhängig von der podologischen Arbeit 15 Minuten pro Patient beansprucht (Abb. 17).

Diese Zeitaufteilung gilt auch in der Praxis meiner Frau und hat sich dort bewährt.

Mit Inkrafttreten des Vertrages nach § 125 Absatz 1 SGB V über die Versorgung mit Leistungen der Podologie und deren Vergütung vom 30. November 2020 zum 1. Januar 2021 wurden die für die Therapie notwendigen Regelleistungszeiten für podologische Komplexbehandlungen von bisher 40-50 Minuten auf

- 35 Minuten Regelleistungszeit für 78010 Podologische Behandlung (klein) bzw.
- 50 Minuten Regelleistungszeit für 78020 Podologische Behandlung (groß) geändert.

Auch wurde diese Regelleistungszeit aufgeteilt in

- Therapiezeiten von 20 bzw. 35 Minuten und in
- Zeiten für Vor- und Nachbereitung sowie Dokumentation von 15 Minuten.

Nicht jede podologische Komplexbehandlung benötigt tatsächlich exakt 20 bzw. 35 Minuten als Therapiezeit. Von daher bilden diese beiden Therapiezeitvorgaben den äußeren Rahmen:

- Kleine podologische Komplexbehandlungen dauern bis 20 Minuten.
- Große podologische Komplexbehandlungen dauern von 20 bis zu 35 Minuten.

Daraus ergeben sich zwei Dinge:

1. Der aktuelle Vertrag bestätigt die in Abbildung 17 dargestellten und bisher praktizierten 15 Minuten für Vor- und Nachbereitung einschließlich der Dokumentation pro Behandlung.

2. Die bisherige durchschnittliche Bearbeitungszeit für eine podologische Komplexbehandlung reduziert sich von bisher 30 Minuten (45 Minuten durchschnittliche Regelbearbeitungszeit – 15 Minuten für Arbeitszeit für Nebenaufgaben) um 2,5 Minuten auf 27,5 Minuten ((20 Minuten Therapiezeit für podologische Behandlung klein + 35 Minuten Therapiezeit für podologische Behandlung groß)/2 = 27,5 Minuten).

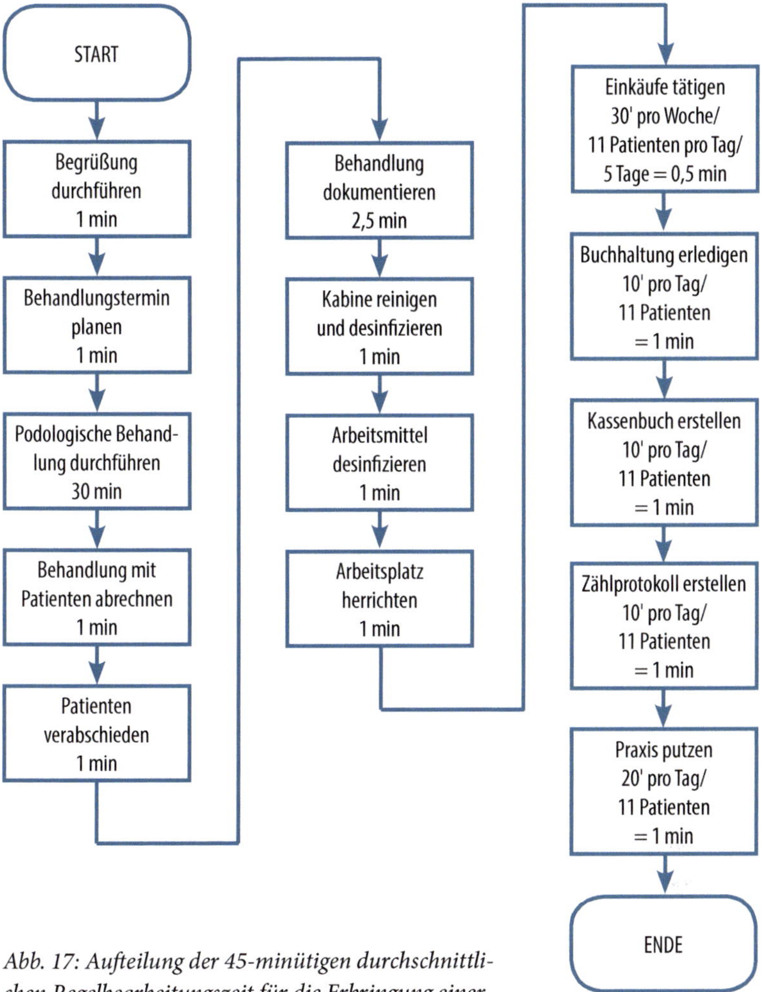

Abb. 17: Aufteilung der 45-minütigen durchschnittlichen Regelbearbeitungszeit für die Erbringung einer podologischen Komplexbehandlung

Da nicht alle Vor- und Nachbereitungsarbeiten wie „Begrüßung durchführen“, „Behandlungstermin planen“, „Behandlung mit Patienten abrechnen“, „Patienten verabschieden“ bis hin zu „Arbeitsplatz herrichten“ vom Patienten losgelöst und am Ende des Tages gesondert und gesammelt erledigt werden können, können auch nicht regelmäßig zwei große Behandlungen pro Stunde abgerechnet werden. Trotzdem kann es schon mal hin und wieder bzw. in Ausnahmefällen vorkommen, dass innerhalb einer Stunde zwei große Behandlungen abgerechnet werden.
Anhand dieses Ablaufs wird deutlich, dass unabhängig der am Patienten durchzuführenden, unmittelbaren podologischen Behandlung die Nebenaufgaben wie Vor- und Nachbereitung und Dokumentation, wie in Anlage 1 „Leistungsbeschreibung“ des Vertrages verhandelt, regelmäßig etwa 15 Minuten beanspruchen.

Das hat ganz praktische Folgen für die Preisfindung bei sogenannten „Kurzbehandlungen“. Der Patient sieht nur die unmittelbare Behandlungszeit. Oftmals kann er sich gar nicht vorstellen, dass mit seiner Behandlung weitere Arbeitsschritte erforderlich sind. Die später vom Praxisinhaber in Rechnung zu stellende Behandlungszeit für derartige Arbeiten beträgt demnach beispielhaft tatsächlich:

5 Minuten sichtbare Therapiezeit +
15 Minuten Zeiten für Vor- und Nachbereitung
sowie Dokumentation
= 20 Minuten abzurechnende Arbeitszeit
oder
15 Minuten sichtbare Therapiezeit +
15 Minuten Zeiten für Vor- und Nachbereitung
sowie Dokumentation
= 30 Minuten abzurechnende Arbeitszeit.

8 Risiken für den Arbeitsablauf und Risikovorsorge

Die podologische Praxis erwirtschaftet nur dann den planmäßigen Umsatz, wenn vorgenannter Ablauf arbeitstäglich immer und immer wieder ohne Störungen abgearbeitet werden kann.

Leider unterliegt dieser Produktionsprozess aber trotz der Steuerung durch den Podologen ab und zu Störungen unterschiedlicher Art:

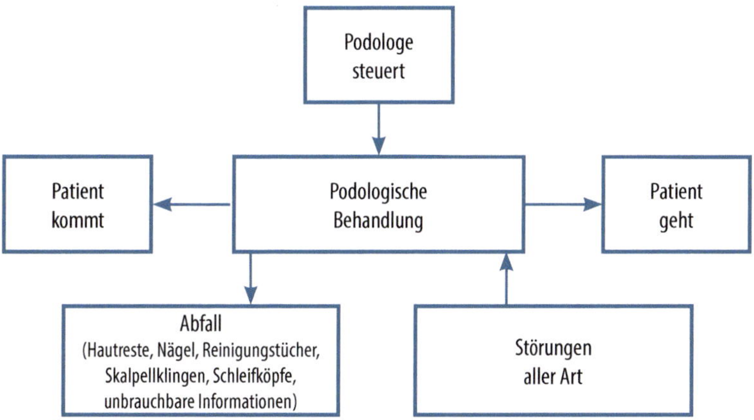

Abb. 18: Schematische Darstellung des Produktionsprozesses

Abfall ist entsprechend der Anlage 8 der TRBA250 und der Hygieneverordnung zu entsorgen:

„Spitze oder scharfe Gegenstände, wie zum Beispiel Nadeln oder Skalpelle, dürfen nur in stich- und bruchfesten, verschließbaren Einwegbehältnissen entsorgt werden. Ein späteres Umfüllen ist nicht gestattet. Als Sammelgefäße geeignet sind zum Beispiel speziell Kanülen-Abwurfboxen oder leere Desinfektionsmittel-Behälter/-Kanister, die fest verschlossen mit dem Hausmüll entsorgt werden. Eine Desinfektion dieser Abfälle vor der Entsorgung ist nicht erforderlich. Der übrige Abfall einschließlich der mit Blut kontaminierten Gegenstände ist in undurchsichtigen, flüssigkeitsdichten und widerstandsfähigen Kunststoffsäcken zu sammeln, zu transportieren und nicht gestaucht dem Hausmüll beizugeben."

Die Abfallbeseitigung sollte den Podologen keine Probleme bereiten.

Störungen führen unweigerlich zu Behandlungsstillstand oder -verzögerungen und damit zu Verdienstausfällen und Einkommensverlusten. Es ist daher für den Praxisbetreiber wichtig, die unterschiedlichen Störungsrisiken schon vorab zu erkennen und einzuordnen. Dann kann er vorab Handlungsstrategien entwickeln, um bei Auftreten der Störung sofort handlungsfähig zu sein und die Einkommensverluste zu minimieren.

Die verschiedenen Störungen für den ordnungsgemäßen und reibungslosen Ablauf können den unterschiedlichen Elementen des eingangs besprochenen Arbeitssystems zugeordnet werden:

Arbeitsaufgabe:

Ereignis: Der Patient kommt ohne Heilmittelverordnung oder Rezept in die Praxis. Er ist schmerzfrei und wegen seiner unschön eingewachsenen Nägel hier. Der Podologe hat aber den Verdacht auf Neuropathie, weil der Patient Diabetiker ist und schmerzunempfindlich erscheint. Die vom Podologen vorgenommene Befunderhebung erfolgt nicht einvernehmlich. Die Arbeitsaufgabe ist unklar.

Folge: Es drohen Qualitätseinbußen, Behandlungsfehler oder gar juristische Streitigkeiten und infolgedessen gerichtliche Verurteilungen oder Nacharbeiten. Das alles kostet Zeit und verursacht Einkommensverluste.

Risikovorsorge:
- gründliche Befunderhebung,
- ständige Kommunikation mit dem Patienten über den Befund, die geplante Behandlung und die beabsichtigte Wirkung oder
- bei problematischem Befund das Einfordern einer Heilmittelverordnung oder Rezept sowie
- gründliche Dokumentation des Befundes und der Behandlung.

Diese Fälle kommen in der Praxis meiner Frau recht oft vor. Diesem Problem wird regelmäßig durch sorgfältige Befunderhebung und Kommunikation begegnet.
Dieses Verfahren sorgt für Klarheit zwischen dem Podologen und dem Patienten und verhindert eine unklare Arbeitsaufgabe.

Input:
Ereignis: Der Patient kommt nicht.

Folge: Der Produktionsablauf kann nicht starten. Es drohen Verdienstausfall und Einkommensverluste.

Risikovorsorge:
- Der Patient kann zunächst angerufen und an den Termin erinnert werden.
- Kommt er selbstverschuldet dennoch nicht, könnte die Praxis dem nicht erschienenen Patienten den Verdienstausfall (nicht den Umsatzverlust!) in Rechnung stellen.
- Eine weitere Handlungsoption ist, auf einen kurzfristig zu aktivierenden Reservepatienten zurückgreifen.

Diese Störung kommt in der Praxis meiner Frau recht häufig vor, weil die Patienten wegen ihres Alters manchmal vergesslich sind, unerwartet ins Krankenhaus kommen oder schon mal versterben. Für diese Fälle liegen Notizzettel mit Namen und Telefonnummern von kurzfristig verfügbaren Patienten bereit.
Dieses Verfahren verhindert zwar nicht die kurzfristige Verzögerung, vermindert aber die Auswirkung der Störung. Die Alternative wäre ein Patientenausfall und ein totaler Einkommensverlust.

Ereignis: Patient erleidet Zuckerschock.

Folge: Der Bearbeitungsablauf muss unterbrochen, im schlimmsten Fall abgebrochen werden. Daraus drohen Verdienstausfall und Einkommensverluste.

Risikovorsorge:
- Notfallnummer bereithalten,
- Erste Hilfe leisten,
- Notdienst rufen.

Meine Frau erlebte diese Situation bereits einmal. Eine Patientin saß auf dem Behandlungsstuhl. Plötzlich traten bei ihr Sprachstörungen auf. Sie antwortete auf Fragen mit nicht passenden Antworten. Ein Notfallset hatte die Patientin nicht dabei. Meine Frau gab ihr Traubenzucker und rief den Notarzt an. Dieser kam, kümmerte sich vor Ort um die Patientin und nahm sie anschließend mit ins Krankenhaus. Nach etwa 45 Minuten stand der Behandlungsstuhl wieder zur Verfügung. Die Aufregung in der Praxis war entsprechend groß, sodass der Arbeitsprozess insgesamt etwa eine Stunde unterbrochen war.
Das waren alles Maßnahmen im Rahmen der Erstversorgung der Patientin. Leider konnten sie den Verdienstausfall und den Einkommensverlust weder verhindern noch mindern. Aber sie waren sozial und verhinderten darüber hinaus juristische Streitigkeiten

und Strafzahlungen wegen unterlassener Hilfeleistung und sie waren eine gute Werbung für die Praxis.

Mensch:
Ereignis: Der Podologe ist nicht arbeitsfähig.

Folge: Der Ablauf kann im schlimmsten Fall nicht starten oder es kommt zu Qualitätseinbußen, Behandlungsfehlern oder Streitigkeiten und infolgedessen zu Nacharbeiten. Die Nacharbeiten verursachen Einkommensverluste.

Risikovorsorge: Die Arbeitsfähigkeit ist für den Podologen von existenzieller Bedeutung. Hier hilft nur ein vorausschauender, gesunder Arbeits- und Lebensstil. Überarbeitung, riskante Hobbys, Süchte aller Art oder nicht ausgeheilte Erkrankungen sind fehl am Platze.

Trotz aller Vorsicht kommt es auch bei meiner Frau hin und wieder zu krankheitsbedingten Ausfällen. Sie sind schwerlich ganz auszuschließen. Ausfälle dieser Art müssen schon bei der Einkommensplanung berücksichtigt werden, sodass nur längere Ausfälle wirtschaftlich problematisch werden. Wichtig ist, dass die Patienten über den Terminausfall informiert werden und ihnen ein Ersatztermin angeboten werden kann.
Dieses Verfahren verhindert keine krankheitsbedingten Einkommensverluste, aber eine konservative Einkommensplanung verschafft Ihnen Sicherheit. Die Information und der Ersatztermin für die Patienten sorgen dafür, dass sie sich mitgenommen fühlen, nicht die Praxis wechseln und Ihnen als Patienten erhalten bleiben.

Ablauf:
Ereignis: Der Podologe hat Probleme beim Umgang mit Patienten oder seine Arbeitsgeschwindigkeit ist zu gering.

Folge: Die Regelleistungszeit wird überschritten.

Risikovorsorge: Wenn die eigene Arbeitsgeschwindigkeit zu langsam ist, kann

- die eigene Arbeitszeit über das planmäßige Ende hinaus ausgeweitet oder
- der zu erwartende Umsatzverlust durch den Verkauf podologienaher Produkte kompensiert werden.

Ereignis: Es kommt hin und wieder vor, dass Patienten mit ihrem Verhalten das Überschreiten der Regelleistungszeit verursachen.

Folge: Die Regelleistungszeit wird überschritten.

Risikovorsorge: Der Podologe muss natürlich

- auf die Bedürfnisse des Patienten eingehen, aber
- nachdrücklich seinem Arbeitsablauf und der Zeitvorgabe folgen und
- den Patienten auf die Zeitvorgabe hinweisen.

Im schlimmsten Fall kann der Podologe den Patienten mit dem Hinweis, dass die Praxis ausgebucht ist und keine Termine mehr zur Verfügung stehen, außen vorlassen. Ehrlicher wäre aber die direkte Ansprache, dass der Patient eigentlich unzufrieden mit der Leistung der Praxis ist und daher ein Praxiswechsel sinnvoll erscheint.

Meine Frau hat auch hin und wieder solche Probleme. Meist reicht ein nachdrücklicher Hinweis auf die Zeitvorgabe der GKV, um den Patienten zur Kooperation zu bewegen. Es ist ein einziges Mal vorgekommen, dass sie sich von einem Patienten getrennt hat.

Ereignis: Die Qualität der Abrechnung der Verordnungen bei den GKV ist fehlerhaft. Größte Fehlerquellen sind die Nichteinhaltung der Therapiepläne und eine fehlerhafte Befundnummer auf der Heilmittelverordnung.

Folge: Dies führt unmittelbar zu Verdienstausfällen oder zu unbezahlten Nacharbeiten Ihrerseits.

Risikovorsorge: Hier hilft
- eine sorgfältige, zeitlich korrekte Abarbeitung der Verordnungen und
- ein Gespräch mit der entsprechenden Arztpraxis und die Bitte um Fehlerkorrektur.

In der Praxis meiner Frau kamen diese Fehlerquellen am Beginn ihrer Selbstständigkeit häufiger vor. Durch eine konsequent am Therapieplan ausgerichtete Terminvergabe und persönliche Vorsprachen in den Arztpraxen konnten diese Fehlerquellen abgestellt werden. Zumindest letzteres verursacht natürlich einen erhöhten Arbeits- und Zeitaufwand. Der ist aber gut investiert, weil künftige Abrechnungen mit der GKV ohne negative Überraschung abgewickelt werden können.

Ereignis: Patient wird verletzt.

Folge: Es drohen juristische Streitigkeiten.

Risikovorsorge: Klären Sie den Patienten über die Behandlungsrisiken auf und lassen Sie den Patienten vor Behandlungsbeginn eine Einverständniserklärung bzw. einen Behandlungsvertrag unterschreiben.*

* *Ein Muster für eine Einwilligungserklärung finden Sie im Anhang.*

Ereignis: Patientenunterlagen liegen unbeaufsichtigt bereit.

Folge: Das ist ein Verstoß gegen den Datenschutz und kann zu Bußgeldbescheiden oder Schlimmerem und damit zu Einkommensverlusten führen.

Risikovorsorge: Patientenunterlagen und Terminbuch stets im verschließbaren Aktenschrank aufbewahren.

Arbeits- und Sachmittel:
Ereignis: Die Arbeitsmittel wie Behandlungsgerät, Bestecke und ihre Bestandteile, Reinigungs- und Hygienemittel, Dokumentationsmappen oder Kommunikationsmittel wie PC, Internet, Telefon oder EC-Cash-Gerät sind nicht vorhanden oder verfügen nur über eine eingeschränkte Einsatzfähigkeit.

Folge: Es kommt zu Qualitäts-, Hygiene- oder Dokumentationsmängeln oder Informationen kommen nicht rechtzeitig an.

Risikovorsorge: Hier hilft
- eine vernünftige Pflege und Wartung der Gerätschaften und
- eine ausreichende Bevorratung oder
- kurzfristig abzurufende Serviceleistungen der Lieferanten.

Umwelt:
Ereignis: Es gibt Probleme mit der Nachbarschaft, mit dem Zugang zur Praxis oder Lärm in der Nachbarschaft.

Folge: Patienten kommen nur unter erschwerten Bedingungen in die Praxis oder bleiben aus sozialen Gründen fern, das heißt Umsatz- und Verdienstausfälle.

Risikovorsorge: Bei derartigen Problemen
- hilft die Pflege von externen Kontakten,
- angemessene Kommunikation mit dem Umfeld sowie
- situative Reaktionen Ihrerseits.

Output:
Ereignis: Der Patient ist mit dem Arbeitsergebnis nicht zufrieden.

Folge: Es kommt zu Streitigkeiten, Nacharbeiten oder der Patient beschwert sich bei der GKV. Verbunden damit sind stets erhöhter unbezahlter Zeitaufwand und damit Einkommensverluste.

Risikovorsorge: Hier hilft
- ständige Kommunikation mit dem Patienten und
- das Eingehen auf die Befindlichkeiten des Patienten

während der Behandlungszeit in der Behandlungskabine.

Die Liste der möglichen Störungen und Maßnahmen zur Risikovorsorge ist naturgemäß nicht vollständig. Sie sollte in der Praxis von jedem Podologen ergänzt und fortgeführt werden.

Mit genügend Berufserfahrung kennt der Podologe irgendwann alle Ablaufrisiken und reagiert darauf vorbeugend bzw. souverän und gut vorbereitet.

9 Umsatz- bzw. Preiskalkulation

§ 12 *Organisatorische Anforderungen an eine Heilmittelpraxis* des Vertrages bestimmt, dass die Praxis für mindestens 25 Stunden in der Woche Heilmittelbehandlungen an GKV-Versicherte abgeben bzw. anbieten soll. Damit ist schon einmal die Mindestarbeitszeit des Podologen festgelegt.

Kalkuliert wird zunächst aber für eine Ganztagsbeschäftigung. § 3 ‚Arbeitszeit der Arbeitnehmer' des Arbeitszeitgesetzes (ArbZG) bestimmt, dass die werktägliche Arbeitszeit der Arbeitnehmer acht Stunden nicht überschreiten darf. Das sind 40 Stunden pro Woche. Der selbstständige Podologe ist zwar kein Arbeitnehmer im Sinne dieses Gesetzes, aber seine Gesundheit ist mindestens ebenso wichtig wie die der Arbeitnehmer. Sie ist sogar viel wichtiger, weil sie existentiell für die Selbstständigkeit ist (*vgl. Kapitel 8 Risiken für den Arbeitsablauf und Risikovorsorge*). Daher orientiert sich unsere Umsatzkalkulation an eben diesen acht Stunden Arbeitszeit nach dem Arbeitszeitgesetz.

Weitere Kalkulationsgrößen gibt oben aufgeführter Vertrag in Anlage 2 vor:

- HPNR 78010 Podologische Behandlung (klein, bis 35 Minuten) 27,80 €
- HPNR 78020 Podologische Behandlung (groß, bis 50 Minuten) 40,00 €
- HPNR 78030 Podologische Befundung 2,00 €

- HPNR 79933 Hausbesuch, ärztlich verordnet, inkl. Wegegeld 16,00 €
- HPNR 79934 Hausbesuch in soz. Einrichtung inkl. Wegegeld 9,00 €

Die Grundlage der nachfolgenden Kalkulation wird die podologische Komplexbehandlung groß (HPNR 78020) inklusive Befundung (HPNR 780030) sein. Der Richtwert für die durchschnittliche Bearbeitungszeit beträgt wie oben ermittelt

- 27,5 Minuten für die podologische Therapie groß inklusive Befundung sowie
- 15 Minuten für Vor- und Nachbereitung inklusive Dokumentation,

insgesamt also 42,5 Minuten.

Daraus ergeben sich für den Podologen folgende erreichbare arbeitstägliche Leistungen:

8 Arbeitsstunden pro Tag x 60 Minuten / 42,5 Minuten Regelbehandlungszeit = 11,3; abgerundet 11 podologische Komplexbehandlungen groß

Anlage 2 Vergütung zum Vertrag nach § 125 Absatz 1 SGB V über die Versorgung mit Leistungen der Podologie und deren Vergütung vom 30. November 2020 bestimmt als Vergütung für die podologische Komplexbehandlung groß 40,00 Euro sowie 2,00 Euro für die Befundung.

Daraus lässt sich zunächst das von den GKV vorgegebene Entgelt für den Podologen pro Minute errechnen:

42,00 € / 42,5 Minuten = 0,99 € pro Minute

Die Kenntnis von diesem Minutenentgelt ist wichtig für die Preisfindung

• für sogenannte „**Kurzbehandlungen**“:

(5 Minuten sichtbare Therapiezeit + 15 Minuten Zeiten für Vor- und Nachbereitung sowie Dokumentation)
x 0,99 € = 19,80 € ohne 19 % MwSt.
Mit Mehrwertsteuer wären das 23,56 €.

Oder

(15 Minuten sichtbare Therapiezeit + 15 Minuten Zeiten für Vor- und Nachbereitung sowie Dokumentation)
x 0,99 € = 29,70 € ohne 19 % MwSt.
Mit Mehrwertsteuer wären das 35,34 €.

• für den Verkauf von **Salben bzw. Cremes** oder Ähnlichem. Der mögliche Verkaufspreis von Salben bzw. Cremes oder Ähnlichem ermittelt sich aus

- unserem Nettoeinkaufspreis,
- unserer Arbeitszeit und ihrem Preis,
- Umsatzsteuern.

Unsere Arbeitszeit ist abhängig von den Aufgaben im Verkauf:

Einkauf tätigen:	0,5 min
Ausgabe verbuchen:	1,0 min
Verkaufsgespräch führen:	5,0 min
Verkauf tätigen:	0,5 min
Einnahme verbuchen:	1,0 min
	8,0 min

Der Verkaufspreis einer Salbe könnte also beispielhaft wie folgt kalkuliert werden:

Unser Nettoeinkaufspreis:	5,00 €
Unsere Arbeitszeit und ihr Preis:	8 min x 0,99 € = 7,92 €
Umsatzsteuer 19 %:	2,46 €
Verkaufspreis:	**15,38 €**

Wenn Sie sagen, dass das Verkaufsgespräch während der von der GKV bezahlten podologischen Behandlung stattfindet, dann können Sie ohne Verkaufsgespräch kalkulieren.

Unser Nettoeinkaufspreis:	5,00 €
Unsere Arbeitszeit und ihr Preis:	3 min x 0,99 € = 2,97 €
Umsatzsteuer 19 %:	1,52 €
Verkaufspreis:	**9,49 €**

• für das Setzen von **Spangen** (Beispiel):
Die Preisfindung für das Setzen einer Klebespange folgt dem gleichen Prinzip:

- unser Nettoeinkaufspreis,
- unserer Arbeitszeit und ihrem Preis,
- Umsatzsteuern.

Im Einkauf kostet ein Päckchen mit 10 Klebespangen ca. 50 Euro ohne Mehrwertsteuer. Der Nettoeinkaufspreis pro Klebespange beträgt damit 5,00 Euro.

Die Arbeitszeit für das Setzen einer Klebespange können wir aus unserem erarbeiteten Standardarbeitsablauf herleiten (Abb. 19).

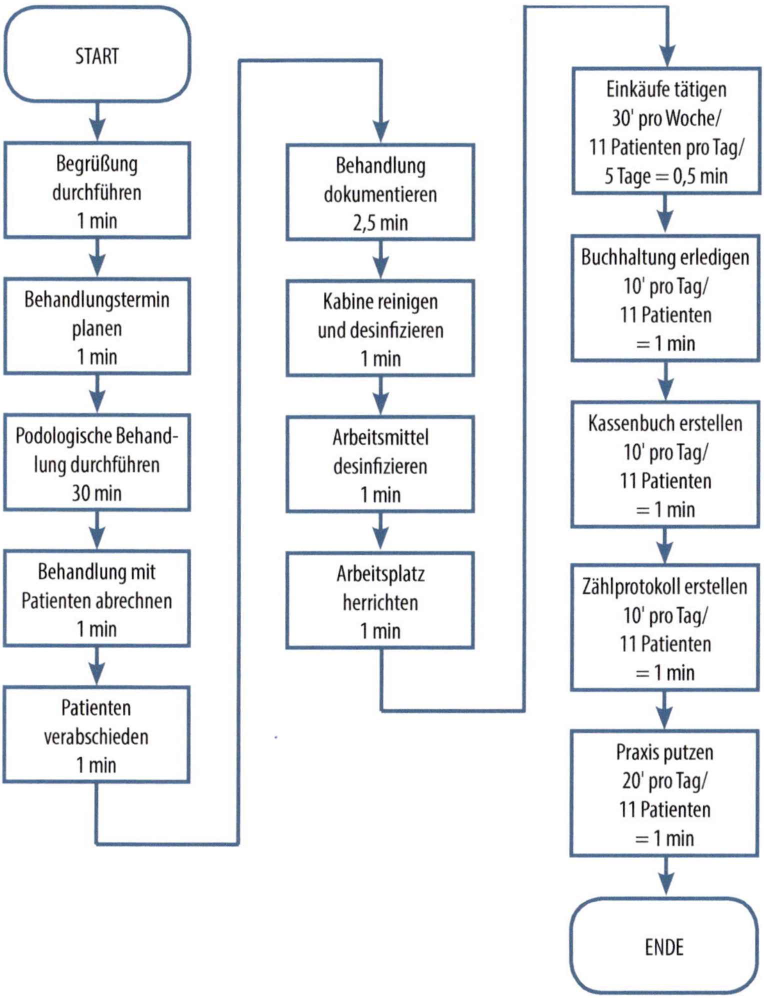

Abb. 19: Standardarbeitsablauf für die Erbringung einer podologischen Leistung

Sie umfasst die schon bekannten 15 Minuten Zeiten für Vor- und Nachbereitung sowie Dokumentation und beinhaltet als podologische Leistung die spezifischen Arbeitsschritte für das Setzen der Klebespange (13 Minuten):

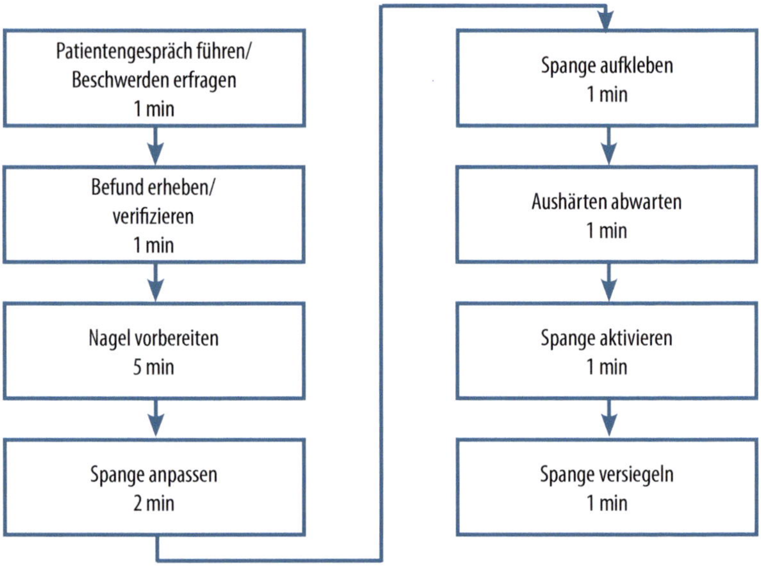

Abb. 20: Arbeitsschritte für das Setzen einer Klebespange

Nun können wir den Preis für eine Behandlung ermitteln:

Unser Nettoeinkaufspreis für eine Klebespange: 5,00 €
Unsere Arbeitszeit und ihr Preis:
(13 min + 15 min) x 0,99 € = 27,72 €
zuzüglich 10 % für Unwägbarkeiten mit dem
verbleibenden Spangenpäckchen: 5,00 €
37,72 €

Für das Setzen einer Klebespange könnten Sie auf der Grundlage der ermittelten Kostenanteile der GKV 37,72 Euro in Rechnung stellen.

Übernimmt die GKV die Kosten nicht, könnten Sie dem Patienten Ihren Behandlungspreis zuzüglich der Umsatzsteuern in Rechnung stellen:

Behandlungspreis:	37,72 €
Umsatzsteuer 19 %:	7,17 €
	44,89 €

Die Preisfindung für das Setzen einer 3TO-Drahtspange folgt dem gleichen Prinzip:

- unser Nettoeinkaufspreis,
- unserer Arbeitszeit und ihr Preis,
- Umsatzsteuern.

Im Einkauf kostet ein Päckchen mit fünf 3TO-Drahtspangen ca. 31,50 Euro ohne Mehrwertsteuern. Der Nettoeinkaufspreis pro Klebespange beträgt damit 6,30 Euro.

Die Arbeitszeit können wir wieder aus unserem Standardablauf ohne podologische Behandlung (15 Minuten Praxiszeit) und den spezifischen Arbeitsschritten für das Setzen der 3TO-Drahtspange (18 Minuten) ermitteln (Abb. 21).

Nun können wir den Preis für eine Behandlung ermitteln:

Unser Nettoeinkaufspreis für eine Klebespange:	6,30 €
Unsere Arbeitszeit und ihr Preis:	
	(18 min + 15 min) x 0,99 € = 32,67 €
zuzüglich 10 % für Unwägbarkeiten mit dem verbleibenden Spangenpäckchen:	3,15 €
	42,12 €

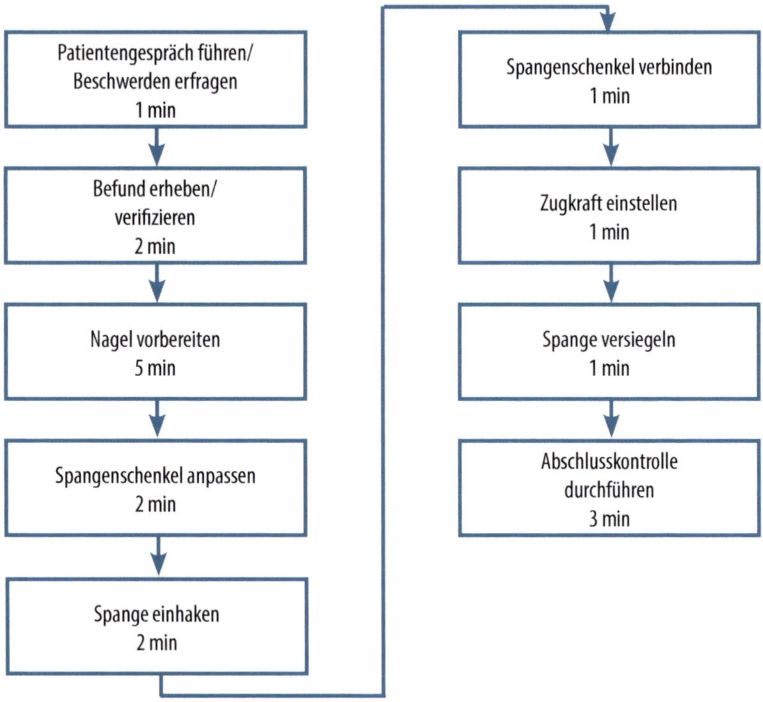

Abb. 21: Arbeitsschritte für das Setzen einer 3TO-Drahtspange

Für das Setzen einer 3TO-Drahtspange könnten Sie auf der Grundlage der ermittelten Kostenanteile der GKV 42,12 Euro in Rechnung stellen.

Übernimmt die GKV die Kosten nicht, könnten Sie dem Patienten Ihren Behandlungspreis zuzüglich der Umsatzsteuern in Rechnung stellen:

Behandlungspreis:	42,12 €
Umsatzsteuer 19 %:	8,00 €
	50,12 €

Zurück zur Umsatzkalkulation: Das Jahr hat insgesamt 52 Wochen. Das sind 260 Arbeitstage pro Jahr (Montag-Freitag) bzw. durchschnittlich 21,67 Arbeitstage pro Monat. Unter Berücksichtigung von elf arbeitsfreien Feiertagen pro Jahr kalkulieren wir den Umsatz mit 20 Arbeitstagen pro Monat bzw. 240 Arbeitstagen pro Jahr:

11 podologische Komplexbehandlungen groß x
20 Arbeitstage pro Monat x 42,00 €
= 9.240,00 € pro Monat

Im Idealfall lässt sich also pro Monat mit einer Behandlungskabine ein Umsatz von 9.240,00 Euro generieren.

Leider geht das Leben ganz oft eigene Wege. Der Podologe oder seine Kinder werden krank, der Podologe braucht zur Regeneration Urlaub oder die älteren Patienten haben den Behandlungstermin vergessen, sind im Krankenhaus oder verstorben. In Folge dieser unwägbaren Ereignisse entstehen Lücken im geplanten Behandlungsablauf und Umsatzausfälle.

Dieser Umsatzausfall lässt sich naturgemäß nicht exakt vorhersagen, aber doch recht realitätsnah kalkulieren:

- Urlaub – 20 Arbeitstage pro Jahr,
- Krankheitsbedingter Ausfall – 20 Arbeitstage pro Jahr,
- patientenverursachte Behandlungslücke – jeden zweiten Arbeitstag ein Ausfall (10 Ausfälle pro Monat x 45 min x 12 Monate = 11,25 Arbeitstage pro Jahr).

Der so kalkulierte Umsatzausfall beträgt insgesamt:

(20 Tage Urlaub + 20 Tage krankheitsbedingter Ausfall +
11,25 Tage patientenverursachter Ausfall) x
100 / 240 Arbeitstage pro Jahr = 21,35 %

Da der praxisbetreibende Podologe von sich aus versuchen wird, die Anzahl der Tage mit Umsatzausfall zu reduzieren, kalkulieren wir einen Umsatzausfall von 20 Prozent pro Jahr bzw. Monat. Der Ausfall mindert das Umsatzergebnis auf 80 Prozent. Das entspricht dem Faktor 0,8 in der Rechnung.

Der wahrscheinliche Umsatz einer ausgelasteten Ein-Kabinen-Praxis beträgt danach:

9.240,00 €	pro Monat x 0,8 =
7.392,00 €	pro Monat bzw.
88.704,00 €	pro Jahr.

Das sind die Einnahmen bzw. der Umsatz, den der Podologe bei vollständiger Auslastung erwarten darf. Er ließe sich regelmäßig steigern durch

- den Verkauf podologienaher Produkte und
- weniger Krankheits- oder Urlaubstage.

An dieser Stelle sei bemerkt: Umsatz ist nicht gleich persönliches Einkommen.

10 Rechnungswesen in der Podologie – Einnahmen

Umsätze bzw. Einnahmen einer podologischen Praxis kommen als Bar- oder EC-Kartenzahlung vom Patienten und fließen in die Praxis:

Abb. 22: Weg und Art der Einnahmen

Die Abgabeordnung (AO) verlangt gemäß § 146 Abs. 1 Abgabenordnung vom Praxisbetreiber eine Buchführung über diese Einnahmen: „Die Buchungen und die sonst erforderlichen Aufzeichnungen sind einzeln, vollständig, richtig, zeitgerecht und geordnet vorzunehmen. Kasseneinnahmen und Kassenausgaben sind täglich festzuhalten. Die Pflicht zur Einzelaufzeichnung nach Satz 1 besteht aus Zumutbarkeitsgründen bei Verkauf von Waren an eine Vielzahl von nicht bekannten Personen gegen Barzahlung nicht. Das gilt nicht, wenn der Steuerpflichtige ein elektronisches Aufzeichnungssystem im Sinne des § 146a verwendet."

Stellen wir uns dazu den Ablauf in der Praxis vor:
Patienten kommen in die Praxis und möchten behandelt werden. Sie haben einen Termin. Dieser steht im **Terminkalender** oder wird dort ergänzt:

- Herr Schulze 09:00 Uhr
- Frau Rabe 09:45 Uhr
- Herr Vogel 10:30 Uhr
- Herr Müller 11:15 Uhr
- Frau Meier 12:00 Uhr

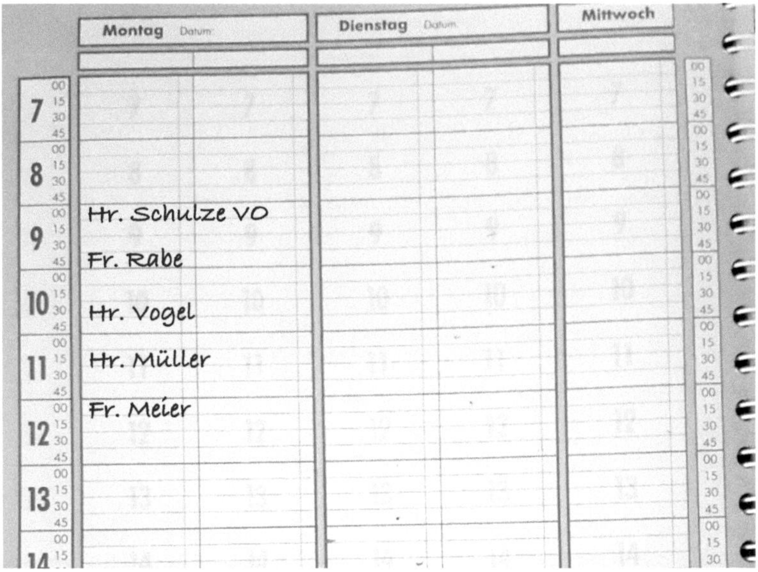

Abb. 23: Terminkalender

Die Behandlungen des Tages sind abgeschlossen. Die Namen der behandelten Patienten werden zusammen mit der erzielten Einnahme in das **Tageseinnahmeprotokoll** übertragen.

Patienten mit einer Heilmittelverordnung zahlen für die Behandlung nichts. Sie werden mit VO wie Verordnung gekennzeichnet. Neben ihrem Namen wird in die Spalte „Einnahmen ohne Mehrwertsteuer" der Betrag 0,00 € eingetragen.

Das Abrechnungszentrum der GKV überweist die Behandlungsentgelte später nach Prüfung der vom Podologen eingereichten Heilmittelverordnungen auf das Geschäftskonto des Podologen. Die Abrechnungsunterlagen bzw. deren Kopie werden vom Podologen den entsprechenden Kontoauszügen zugeordnet und später dem Steuerberater übergeben. Ein zusätzlicher Nachweis dieser Einnahmen über das Tageseinnahmeprotokoll ist nicht erforderlich. Patienten mit einem Privatrezept zahlen für ihre Behandlung. Neben dem Namen wird die Einnahme in die Spalte „Einnahmen ohne Mehrwertsteuer" eingetragen, z. B. 37,78 € oder 38,00 €.

Selbstzahler ohne Rezept zahlen den Behandlungspreis und die Mehrwertsteuer von derzeit 19 Prozent, z. B. 37,78 € x 19 % = 44,96 € oder 45,00 €. Diese Einnahme wird in die Spalte „Einnahmen mit Mehrwertsteuer" eingetragen.

Aus Verkäufen von podologienahen Produkten erzielte Einnahmen werden ebenfalls in die Spalte „Einnahmen mit Mehrwertsteuer" eingetragen.

Werden Beträge mit EC-Karte bezahlt, wird dies neben dem Betrag im Tageseinnahmeprotokoll notiert. Der Händlerbeleg für diese Einnahme wird zusammen mit den **Kontoauszügen** aufbewahrt und später dem Steuerberater übergeben.

Alle unbaren Einnahmen werden grundsätzlich über das Geschäftskonto und die zugehörigen Einnahmebelege nachgewiesen.

Am Ende des Tages werden die Bareinnahmen – nicht die unbaren Kartenzahlungen – beider Spalten des Tageseinnahmeprotokolls getrennt zusammengerechnet und als Tages(bar)einnahme mit und ohne Mehrwertsteuer nachgewiesen (Abb. 24).

Die so zusammengerechneten Tageseinnahmen werden als Gesamtsummen im **Kassenbuch** in der Spalte „Einnahmen" nachgewiesen. In den Kopf des Kassenbuchblattes werden zuvor die dort geforderten Angaben eingetragen.

Einnahmen 27.03. 2020

Tag	Name	Podologie ohne USt.	Tages-summe	Podologie mit 19 % USt.	Tages-summe
	Hr. Schulz VO	0,00			
	Fr. Rabe	38,00			
	Hr. Vogel	38,00 EC			
	Hr. Müller			45,00	
	Fr. Meier			45,00	
	Verkauf			13,50	
			38,00		103,50

Abb. 24: (Tages-)Einnahmeprotokoll

In das Eingabefeld „Anfangsbestand/Übertrag“ am Blattanfang tragen wir mit Beginn unserer Geschäftstätigkeit das in der Barkasse befindliche Wechselgeld ein, z. B. 100,00 €. Ansonsten ist es stets der Kassenendbestand des Vorblattes.

Ist keine Zeile des Kassenbuchblattes mehr frei, werden die in der Spalte „Einnahmen“ aufgeführten Beträge zusammenaddiert. Die Summe wird unten in das Feld „Summen“ in der richtigen Spalte eingetragen.

Unter diese Summe wird der Anfangsbestand, der sich schon in der Kasse befand bzw. am Blattanfang aufgeführt wurde, eingetragen. Beide Beträge werden summiert (Einnahmesumme + Anfangsbestand = Gesamtbetrag). Der Gesamtbetrag wird in das Feld „Summenkontrolle“ am Ende der Spalte „Einnahmen“ eingetragen. Der so ermittelte Gesamtbetrag kann jetzt als späterer Kontrollbetrag in das Feld „Summenkontrolle“ der Spalte „Ausgaben“ übertragen werden.

Kassenbuch

Name Max Füßeschön — Monat März — Jahr 2020

Mand.Nr. — Blatt 1

Einnahmen	Ausgaben	Bestand		Gegen-Konto	Beleg Nr.	Datum	USt. Satz	Text
Anfangsbestand/Übertrag →		100,00						
38,00						7.		Tagesumsatz 0%
103,50						7.		Tagesumsatz 19%
141,50		◀ Summen				Unterschrift:		
100,00		◀ Anfangsbestand / Endbestand				geprüft:		
241,50	241,50	◀ Summen-Kontrolle				gebucht:		

Abb. 25: Kassenbuch; Einnahmen

Unbare Einnahmen haben im Kassenbuch nichts zu suchen, weil sie nicht in die Barkasse gelangen.

Zusammenfassend wird festgestellt, dass folgende Unterlagen Buchhaltungsdokumente sind:

- Terminkalender
- Tageseinnahmeprotokoll
- Kassenbuch
- Händlerbelege von EC-Kartenzahlungen
- Kontoauszüge

Alternativ zum Kassenbuch könnte auch eine Registrierkasse verwendet werden. In der Heisinger Praxis wird aus ganz konkreten Gründen darauf verzichtet:

- Eine Registrierkasse kostet Geld, ohne dass der praktische Nutzen für die Praxis wirklich klar ist.
- Eine Registrierkasse ist ein zusätzliches technisches Gerät, dessen Lebenszyklus weiteren Verwaltungs- und Wartungsaufwand verursacht.

11 Potentieller Patienten- und Kundenkreis

Laut dem „Deutschen Gesundheitsbericht Diabetes 2019“ haben etwa 10 Prozent der Bevölkerung in Deutschland Diabetes.

Etwa 25 Prozent von ihnen entwickeln im Laufe ihres Lebens ein diabetisches Fußsyndrom. Diese Menschen erhalten Heilmittelverordnungen mit rund acht Behandlungen im Jahr (etwa alle sechs Wochen eine Behandlung). Daraus ergibt sich der potentielle Patientenkreis mit Heilmittelverordnung.

Am 1. Juli 2020 erweiterten sich die podologisch bedeutsamen Indikationen um

- das Fußsyndrom bei Neuropathien (Diagnosegruppe NF) sowie
- das Fußsyndrom bei Querschnittsyndromen (Diagnosegruppe QF).

Mehr Diagnoseschlüssel bedeuten grundsätzlich auch mehr Patienten im Wirkbereich einer podologischen Praxis. Wie viel mehr Patienten in die podologischen Praxen kommen werden, wissen wir aber noch nicht. Darüber gibt es noch keine gesicherten statistischen Erhebungen. Deshalb stützen wir unsere Kalkulation noch allein auf die Fallzahlen der Diagnosegruppe DF.

Um den kalkulierten Umsatz von 88.704,00 Euro auch tatsächlich erwirtschaften zu können, bedarf es in Ihrer Praxis einer ausreichend großen Anzahl von Patienten und Kunden.

Kalkuliert sind 220 Patienten bzw. Behandlungen pro Monat. Daraus lässt sich ein ganz wesentliches Standortmerkmal für eine podologische Praxis ermitteln:

- 88.704,00 € Umsatz pro Jahr / 42,00 € Vergütung pro Behandlung = 2.112 Behandlungen pro Jahr
- 2.112 Behandlungen pro Jahr / 8 Behandlungen pro Patient und Jahr = 264 Patienten pro Jahr
- 264 Patienten pro Jahr / 0,25 Bevölkerungsanteil diabetisches Fußsyndrom / 0,1 Anteil Diabetiker an der Gesamtbevölkerung = 10.560 Einwohner im Einzugsbereich der Praxis
- 10.560 Einwohner im Einzugsbereich der Praxis plus 20 % Sicherheitszuschlag = 12.672 Einwohner im Einzugsbereich der Praxis

Es ist davon auszugehen, dass das diabetische Fußsyndrom keinen Unterschied zwischen GKV- und Privatversicherten macht. Daher gilt:

Für eine mit der Bearbeitung von Heilmittelverordnungen bzw. Privatrezepten ausgelastete Ein-Kabinen-Praxis sind etwa 13.000 Einwohner im Einzugsbereich der podologischen Praxis erforderlich.

Die ausgelastete Drei-Kabinen-Praxis in Heisingen befindet sich in einem eher als wohlhabend geltenden Stadtteil mit knapp 13.000 Einwohnern.
Da mehr als eine Kabine ausgelastet ist und bei jeder Kabine mindestens 50 Prozent ihrer Behandlungen aus Heilmittelverordnungen und Privatrezepten bestehen müssen, ist davon auszugehen, dass der Einzugsbereich der Praxis über das Stadtviertel hinausreicht.

Hinzu kommt, dass die einzelnen Kabinen etwa zu 50 Prozent Selbstzahler ohne Rezept behandeln.

Aus dieser Praxiserfahrung lässt sich ein weiteres Standortmerkmal empirisch herleiten. Dieses ist nicht so sicher wie die harten Zahlen aus dem „Deutschen Gesundheitsbericht Diabetes“.

Der Anteil an zu erwartenden Selbstzahlern ohne Heilmittelverordnung oder Rezept in der Praxis ist abhängig vom Standort:

- 50 % in sozial bevorzugten Standorten
- 25 % in sozial ausgeglichenen Standorten
- 0 % in sozial benachteiligten Standorten

Bei der Planung der Anzahl der Behandlungskabinen der künftigen Praxis sind diese beiden Grundsätze zu beachten, z. B.:

13.000 Einwohner im sozial bevorzugten Standort = 1 Behandlungskabine / 50 % x 100 % = 2 Behandlungskabinen. Zwei Behandlungskabinen lassen sich also höchst wahrscheinlich erfolgreich betreiben.
Oder
20.000 Einwohner im sozial ausgeglichenen Standort = 20.000 / 13.000 = 1,5 Behandlungskabinen / 75 % x 100 % = 2 Behandlungskabinen. Zwei Kabinen lassen sich sehr wahrscheinlich erfolgreich betreiben.

12 Ermittlung des Investitionsbedarfes

Was wissen wir bis jetzt?

- Wir wissen, warum wir die Praxis betreiben wollen.
- Wir kennen den Organisationszweck und unsere Verantwortung.
- Wir kennen unserer künftigen Geschäfts- und sonstigen sozialen Beziehungen.
- Wir kennen unsere Aufgaben.
- Wir kennen unseren künftigen Arbeitsablauf in der Praxis.
- Wir haben uns mit den Produktionsrisiken bzw. -störungen beschäftigt und uns überlegt, wie wir diesen vorbeugen können.
- Wir haben unseren gewünschten Umsatz kalkuliert.
- Wir können unsere Preise für „Kurzbehandlungen", Verkäufe und für das Setzen von Spangen kalkulieren.
- Wir haben ermittelt, wo es sich lohnt, eine Praxis zu eröffnen und zu betreiben.

Jetzt wollen wir wissen, wieviel Geld wir für eine podologische Praxis investieren müssten.

Manchmal ist im Internet oder in Internetforen zu lesen, dass die Einrichtung einer gehobenen podologischen Praxis rund 30.000 Euro kostet. Das mag vielleicht im konkreten Fall auch so gewesen sein, aber um diesen Preis tatsächlich nachvollziehen zu können, bleiben doch zu viele wichtige Fragen offen, z. B.: Wie groß ist die Praxis? Wie viele Behandlungskabinen hat sie? Welche Ausstattung hat die Praxis und ist diese tatsächlich erforderlich?

Wegen der unsicheren Informationslage im Internet benutzen wir zur Ermittlung unseres Investitionsbedarfes für unsere Praxis deshalb nicht persönliche Meinungen oder Geschichten aus dem Internet.

Wir verwenden den von uns erarbeiteten und durchdachten standardisierten Bearbeitungsablauf.

Doch zunächst einmal ist zu klären, wessen Anforderungen und Bedürfnissen die Praxiseinrichtung und -ausstattung genügen muss. Da haben wir

- die gesetzlichen Anforderungen (z. B. Podologengesetz, Infektionsschutzgesetz, Biostoff-Verordnung, Hygieneverordnung, TRBA250, Datenschutzgrundverordnung (DSGVO), Arbeitsstättenverordnung, Brandschutzverordnung),
- die Anforderungen der GKV (Vertrag nach § 125 Abs. 1 SGB V für Podologie i. d. F. vom 30. November 2020 und seine Anlagen),
- die Anforderungen des sozialen Umfeldes der Praxis,
- die Bedürfnisse des zu erwartenden Patienten- bzw. Kundenkreises,
- die persönlichen Bedürfnisse des Praxisbetreibers.

All diese Anforderungen und Bedürfnisse müssen sich in unserer Planung wiederfinden. Diese erfordert vom künftigen Praxisbetreiber Überlegung und Vorstellungsvermögen über das mögliche Geschehen in der Praxis und vor allem Kreativität.

Wir planen wie gewohnt vom Groben zum Feinen. Ausgehend von den zuvor ermittelten Haupt-, Neben- und umsatzsteigernden Zusatzaufgaben muss unsere künftige Praxis grundsätzlich verschiedene Funktionen erfüllen und teilt sich daher logischerweise prinzipiell in mehrere Bereiche:

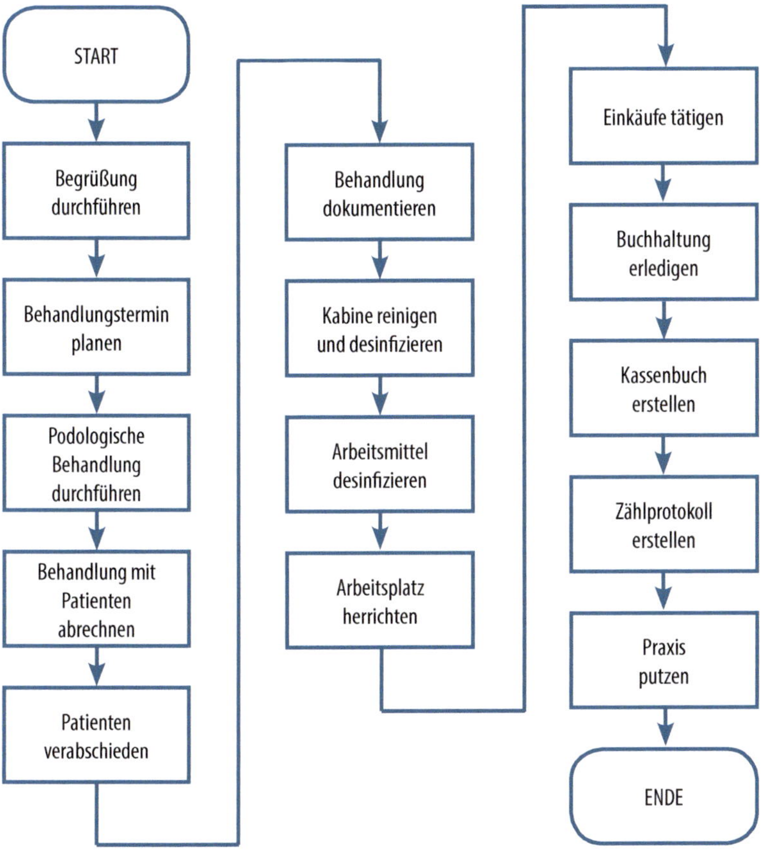

Abb. 26: Bearbeitungsablauf in unserer podologischen Praxis

- Ein- und Ausgangsbereich,
- Empfangs- und Verabschiedungsbereich,
- Wartebereich,
- Verkaufsbereich,
- Behandlungsbereich/-kabine,
- Sanitärbereich für Patienten und Kunden,
- Hygienebereich,
- Personal- und Sozialbereich mit Personaltoilette, Pausenbereich und Büro.

Wir legen unseren standardisierten Bearbeitungsablauf neben diese Praxisbereichsliste und stellen uns dann die verschiedenen Situationen vor (Abb. 26).

Jede Teilaufgabe aus dem Ablauf wird einem Funktionsbereich der Praxis zugeordnet. Anschließend wird die dafür erforderliche Ausrüstung ermittelt:

1. Eingangsbereich
Die Eingangstür geht auf und ein Patient kommt in die Praxis hinein. Er bringt mit den Schuhen Staub in die Praxis, bei schlechtem Wetter auch Nässe oder gröberen Schmutz.

Es liegt beim Praxisbetreiber, ob er darauf regieren will und wenn ja, in welcher Form: Fußabtreter vor der Eingangstür oder innerhalb der Praxis.

Meine Frau entschied sich für einen Läufer 1,5m x 1,5m innerhalb der Praxis.

2. Empfangs- und Verabschiedungsbereich/Bürobereich
Begrüßung durchführen:
Sie sagen „Hallo, Herr/Frau Meier, wie geht es?" zum Patienten und „Kann ich Ihnen helfen?". Der Patient legt den Mantel oder ähnliches ab und hängt ihn … wohin? Es fehlen ein Kleiderständer und für Regentage ein Schirmständer.

Es liegt beim Praxisbetreiber, wie er darauf regieren will und in welcher Form: Kleiderständer oder Kleiderhaken an der Wand und Schirmständer aus welchem Material?

Meine Frau entschied sich für einen Kleiderständer und einen Schirmständer aus Metall.

Hinzu kommt wegen der Brandschutzverordnung

- ein Feuerlöscher.

Da die Heisinger Praxis über etwa 75 m^2 verfügt, sind zwei Feuerlöscher verfügbar: einer im Eingangsbereich und ein weiterer im hinteren Teil der Praxis.

Behandlungstermin planen:
Den Behandlungstermin kann man im Empfangsbereich oder in der Behandlungskabine planen. Erstpatienten oder Neukunden kommen aber gar nicht in die Behandlungskabine. Deshalb planen wir alle Behandlungstermine im Empfangsbereich.

Die Ausstattung des Empfangsbereiches obliegt dem Praxisbetreiber.

Meine Frau entschied sich für eine Empfangstheke. Dort befindet sich der papiergebundene Terminkalender. Die Empfangstheke dient zugleich als Bürobereich. Er ist ausgestattet mit Telefon, Notebook, Drucker, einem abschließbaren Karteikartenschrank für Patienten- und Behandlungsdokumentationen, zwei abschließbaren Aktenschränken.

Behandlung mit Patienten abrechnen:
Für Barzahlungen sind

- eine Barkasse,
- Zählprotokolle,
- Tagesumsatzprotokolle,
- ein Kassenbuch

und für EC-Kartenzahlungen

- ein EC-Cash-Gerät

erforderlich.

3. Wartebereich

Nummer 2 der Anlage 5: Zulassungsvoraussetzungen i. d. F. vom 30. November 2020 zum Vertrag nach § 125 Abs. 1 SGB V für Podologie i. d. F. vom 30. November 2020 bestimmt die räumlichen Mindestvoraussetzungen für eine Zulassung zur podologischen Praxis. Sie beziehen sich dabei auf wichtige Funktionsräume der Praxis (Behandlungsräume, Raum zur Aufbereitung der Instrumente) und schreiben nicht mehr explizit einen Wartebereich vor.

Aber § 11 Abs. 1 Buchstabe b des Vertrages verlangt eine „Praxisausstattung, die eine zweckmäßige und wirtschaftliche Leistungserbringung gewährleistet". Es ist nicht schwer sich vorzustellen, dass Patienten zu früh zu ihrem Termin erscheinen oder eine Begleitperson mitbringen. Sie müssen bis zur nächsten Aktivität warten. Die Wartezeit sollten sie nicht stehend im Empfangsbereich der Praxis verbringen. Es ist daher sinnvoll, einen geeigneten Warteraum bzw. -bereich vorzuhalten. Dieser Warteraum gehört sicher nicht unmittelbar zur Leistungserbringung. Er ist aber ein zweckmäßiger Bestandteil der Praxisgestaltung. Insoweit wäre er von § 11 des Vertrages gefordert.

Meine Frau entschied sich wegen der Anzahl der Behandlungskabinen für einen Wartebereich mit

- drei Besucherstühlen,
- einem kleinen Ablagetisch für Zeitschriften,
- einem Set Tassen und Gläser sowie
- einer Kaffeemaschine.

4. Verkaufsbereich

Der Verkauf podologienaher Produkte ist, wie wir jetzt wissen, nicht die Hauptaufgabe einer podologischen Praxis. Er gehört zu den umsatzsteigernden zusätzlichen Aufgaben. Deshalb nehmen wir den Verkauf in das Leistungsspektrum unserer Praxis auf.

Podologienahe Produkte werden in der Praxis meiner Frau in den Behandlungskabinen in einer Glasvitrine präsentiert.
Dort stehen sie im Blickfeld der Patienten und können so während des Behandlungsgespräches von ihnen betrachtet, erfragt und vom Podologen erläutert werden.
Der Verkauf wird an der Empfangstheke abgewickelt.

5. Behandlungsraum
Die Ausrüstung bzw. Ausstattung des Behandlungsbereiches ergab sich bisher ganz wesentlich unmittelbar aus den Zulassungsempfehlungen nach § 124 Abs. 4 SGB V in der Fassung vom 26. November 2018.

Diese Empfehlungen hat der GKV-Spitzenverband **einseitig** erlassen und damit zugleich sein Verwaltungshandeln daran gebunden: „Die Zulassungsempfehlungen haben zum Ziel, eine einheitliche Anwendung der Zulassungsbedingungen sicherzustellen sowie eine qualitätsgesicherte, dem allgemeinen Stand der medizinischen Erkenntnisse entsprechende Versorgung der Versicherten der gesetzlichen Krankenkassen mit Heilmitteln zu gewährleisten."
Mit dem Vertrag nach § 125 Abs. 1 SGB V für Podologie i. d. F. vom 30. November 2020 und seiner Anlage 5 haben der GKV-Spitzenverband einerseits und der Verband Deutscher Podologen, der Deutsche Verband für Podologie (ZFD) e. V. sowie der Bundesverband für Podologie e. V. andererseits eine Reihe einseitig erlassener Empfehlungen in **gegenseitige vertragliche Regelungen** mit zum Teil neuem Inhalt umgewandelt, neu gestaltet und geordnet.
Die Ausrüstung bzw. Ausstattung des Behandlungsraumes ergibt sich ganz wesentlich unmittelbar aus der Anlage 5: Zulassungsvoraussetzungen i. d. F. vom 30. November 2020 zum Vertrag nach § 125 Abs. 1 SGB V für Podologie i. d. F. vom 30. November 2020:

Räumliche Mindestvoraussetzungen

- Die räumlichen Mindestvoraussetzungen sind auf einen Leistungserbringer ausgerichtet.
- Die Praxis muss einen geschlossenen Behandlungsraum von 8 m^2 umfassen. Ein Behandlungsraum kann zur selben Zeit nur von einem Leistungserbringer genutzt werden.
- Behandlungsräume dürfen keine Durchgangsräume sein, es sein denn, dahinter befinden sich ausschließlich Räume, die für den Praxisbetrieb während der Therapie nicht genutzt werden. Hinter dem Behandlungsraum liegende Räume sind mit einer Tür zu verschließen.
- Behandlungsräume bestehen aus festen Wänden und mind. einer Tür, müssen angemessen be- und entlüftbar sein, beheizt und beleuchtet werden können und sollen einen Richtwert von 2,40 m Deckenhöhe – lichte Höhe – nicht unterschreiten. Ein Deckenbalken, eine Deckenabhängung o.ä. gelten nicht als Unterschreitung der Raumhöhe, sofern deren Fläche 10 % der Gesamtdeckenfläche nicht überschreitet. Bei geringfügigen Abweichungen der Gesamthöhe um 10 cm nach unten (bspw. in Altbauten) kann eine Zulassung erteilt werden, sofern alle weiteren Voraussetzungen erfüllt sind und die Behandlungsqualität nicht eingeschränkt ist.
- In den Behandlungsräumen bedarf es trittsicherer (R9 oder höher), fugenarmer, leicht zu reinigender und zu desinfizierender Fußböden.
- In den Behandlungsräumen bedarf es glatter und bis zu einer Höhe von mindestens 1,80 m abwaschfester Wände.
- In jedem Behandlungsraum muss die Möglichkeit zur Handdesinfektion bestehen.
- Handwaschplatz im Behandlungsraum oder in der Nähe
- Für die Aufbereitung der Instrumente ist ein geeigneter Raum gemäß den gesetzlichen Vorgaben und den Richtlinien des Robert-Koch-Instituts einzurichten.

Auch in der Heisinger Praxis mussten die Wände mit abwaschfester Farbe gestrichen werden. Dabei gab es eigentlich nur zwei Alternativen: Latexfarbe oder Farbe mit hohem Silikatgehalt. Latexfarbe erhöht eventuell das Risiko von Schimmelbildung. Deshalb wurde die Praxis mit Silikatfarbe gestrichen. Die Preise dafür lagen zwischen 50 und 200 Euro pro Farbeimer.

Die Anlage 5 des Vertrages gibt weiter vor:

Pflichtausstattung je Behandlungsraum

- Motor für rotierende Instrumente mit Staubabsaugung oder Nasstechnik,
- höhenverstellbarer Patientenstuhl mit teilbaren und ausziehbaren Fußstützen,
- Leuchte (Anm.: praktischerweise mit Lupe),
- mindestens fünf sterilisierbare Instrumentensätze (Medizinprodukte) bestehend aus Nagelzange, Skalpell, Sondierinstrument sowie Schleif- und Fräskörper,
- jeweils zwei Verbandscheren, Pinzetten, Eckenzangen, Hautzangen oder -pinzetten (jeweils sterilisierbares Medizinprodukt oder als steriles Einwegprodukt),
- Entsorgungsbehälter, handfrei bedienbar,
- Verbrauchsmaterial wie Tupfer, Tamponaden, sterile Kompressen in ausreichender Zahl,
- persönliche Schutzausrüstung insbesondere Einmalhandschuhe, Mundschutz in ausreichender Zahl,
- Hände-, Haut-, Flächendesinfektionsmittel.

Aus ganz praktischen Gründen sollten vorhanden sein:

- Sitzgelegenheit für den Therapeuten,
- Schrank zur Aufbewahrung der erforderlichen Materialien,
- Sitzgelegenheit und eine ausreichende Kleiderablage für den Patienten (zumindest Kleiderhaken) im Behandlungsraum,
- Möglichkeit zur Fußwaschung.

In der Praxis meiner Frau befinden sich wie erwähnt in den Behandlungsbereichen zur Produktpräsentation zusätzlich jeweils eine Glasvitrine.

6. Sanitärbereich für Patienten und Kunden
Die Notwendigkeit einer Patiententoilette ergab sich bisher aus den Zulassungsempfehlung nach § 124 Abs. 4 SGB V i. d. F. vom 26. November 2018 Teil 1 Allgemeiner Teil, Nr. 8.5 „Toilette mit Handwaschbecken und Möglichkeit zur Handdesinfektion". Mit Inkrafttreten des Vertrages gemäß § 125 Abs. 1 SGB V gelten die in der Anlage 5 vertraglich vereinbarten Zulassungsvoraussetzungen.

Dort werden im Abschnitt 2 die räumlichen Mindestvoraussetzungen für den Behandlungsraum und den Raum für die Aufbereitung der Instrumente beschrieben. Das Vorhandensein einer Patiententoilette als erforderliche Zulassungsvoraussetzung ist hier nicht erwähnt.

Sie ist aber eine Forderung aus dem Arbeits- und Gesundheitsschutz des Gesundheitswesens und der Wohlfahrt. Der Podologe arbeitet mit biologischen Arbeitsstoffen (Biostoffe) in einem Bereich des Gesundheitswesens, in denen Menschen medizinisch untersucht, behandelt oder gepflegt werden.

§ 2 Absatz 1 der Biostoff-Verordnung (BioStoffV) liefert eine Legaldefinition für Biostoffe:
Biostoffe sind

1. Mikroorganismen, Zellkulturen und Endoparasiten einschließlich ihrer gentechnisch veränderten Formen,
2. mit Transmissibler Spongiformer Enzephalopathie (TSE) assoziierte Agenzien, die den Menschen durch Infektionen, übertragbare Krankheiten, Toxinbildung, sensibilisierende oder sonstige, die Gesundheit schädigende Wirkungen gefährden können.

§ 2 Absatz 3 BioStoffV konkretisiert dazu weiter: „Mikroorganismen sind alle zellulären oder nichtzellulären mikroskopisch oder submikroskopisch kleinen biologischen Einheiten, die zur Vermehrung oder zur Weitergabe von genetischem Material fähig sind, insbesondere Bakterien, Viren, Protozoen und Pilze."

Podologen habe es in der täglichen Praxis mit Fadenpilzen, Schimmelpilzen und Hefepilzen zu tun. Sie arbeiten demnach mit Biostoffen gemäß der BioStoffV. Damit fällt der Podologe unter die BioStoffV: „Diese Verordnung gilt für Tätigkeiten mit Biologischen Arbeitsstoffen (Biostoffen). Sie regelt Maßnahmen zum Schutz von Sicherheit und Gesundheit der Beschäftigten vor Gefährdungen durch diese Tätigkeiten. Sie regelt zugleich auch Maßnahmen zum Schutz anderer Personen, soweit diese aufgrund des Verwendens von Biostoffen durch Beschäftigte oder durch Unternehmer ohne Beschäftigte gefährdet werden können." (§ 1 Abs. 1 BioStoffV)

§ 2 Abs. 14 BioStoffV bestimmt: „Einrichtungen des Gesundheitsdienstes nach dieser Verordnung sind Arbeitsstätten, in denen Menschen stationär medizinisch untersucht, behandelt oder gepflegt werden oder ambulant medizinisch untersucht oder behandelt werden." In einer podologischen Praxis werden Menschen ambulant medizinisch untersucht oder behandelt. Damit fällt auch die podologische Praxis unter die BioStoffV.

„Die Technischen Regeln für Biologische Arbeitsstoffe (TRBA) geben den Stand der Technik, Arbeitsmedizin und Arbeitshygiene sowie sonstige gesicherte wissenschaftliche Erkenntnisse für Tätigkeiten mit biologischen Arbeitsstoffen wieder." (Quelle TRBA250)

Nach Nr. 3.4.2 „Beschreibung der Schutzstufen" TRBA250 wird die Tätigkeit eines Podologen der Schutzstufe 2 zugeordnet. Als Schutzmaßnahme bestimmt Nr. 4.2.2 „Toiletten" Abs. 1 TRBA250, dass in Krankenhäusern, Praxen und sonstigen Einrichtungen, in denen regelmäßig Tätigkeiten der Schutzstufe 2 durchgeführt werden, für die Beschäftigten und die Patienten gesonderte Toiletten vorhanden sein müssen.

Wir entschieden uns bei der Planung der Praxis für eine 2x2 Meter Patiententoilette. Sie ist über eine breite Tür zugänglich und damit behindertenfreundlich. Darüber hinaus lässt sie Raum für einen zusätzlichen Schrank für Reinigungsgeräte wie Besen, Wischer sowie Reinigungsmittel.

7. Hygieneraum

Der Hygienebereich ist eine Forderung nach der Hygieneverordnung sowie der Anlage 5 des Vertrages nach § 125 über die Versorgung mit Podologie i.d.F. vom 30. November 2020. Der Hygienebereich ist danach ein Sammelplatz getrennt von Behandlungs- und Wartebereich für im Zusammenhang mit der Therapie entstandenen Abfall und zur Aufbereitung gebrauchter Instrumente. Nummer 2.10 der Anlage 5 des Vertrages schränkt das weiter ein und bestimmt, dass ein geeigneter Raum einzurichten ist.

Die Instrumentenaufbereitung selbst wird in § 4 Satz 1 der Hygieneverordnung beschrieben: „Vor einer Sterilisation ist eine ausreichende Desinfektion und Reinigung der Instrumente durchzuführen."

Aus den aufgeführten Regelungen ergibt sich die Geräte- und sonstige Ausstattung:

- Ultraschallreiniger,
- Desinfektionsbad,
- Sicherstellung der Sterilisation der Instrumentensätze durch einen Dampfsterilisator (Autoklav),
- vom gesamten Personal unterschriebener Hygieneplan, der die Maßnahmen zur Reinigung, Desinfektion und Sterilisation sowie zur Ver- und Entsorgung festlegt; dies gilt insbesondere bezogen

auf die hygienische Händedesinfektion und die Aufbereitung des Behandlungsraumes sowie der Instrumentenaufbereitung.

Sofern die Sterilisation der Instrumentensätze nicht durch die Vorhaltung eines Dampfsterilisators (Autoklav) durch die Praxis selbst sichergestellt wird, muss letztere einen Nachweis über einen gültigen Vertrag mit einer zentralen Aufbereitungsstelle mit Haftungshinweis vorlegen.

Im Sinne des § 2 Abs. 2 der Hygiene-Verordnung sind zur Wiederverwendung geeignete Instrumente bis zur nächsten Anwendung steril aufzubewahren, das heißt: staubgeschützt, trocken und sauber bei Einhaltung der Lagerfristen (maximal sechs Monate) in einem Schrank oder in einer Schublade.

Meine Frau entschied sich für einen Ultraschallreiniger mit Desinfektionsbad, einen Autoklav, ein Folienschweißgerät, um gereinigte und desinfizierte Bestecke einzuschweißen und steril zu halten, einen Mülleimer mit Deckel.

8. Personal- und Sozialbereich mit Sanitärbereich bzw. Personaltoilette, Pausenbereich und Büro

Sie als Praxisbetreiber verspüren sicherlich hin und wieder während Ihrer Öffnungszeiten ein menschliches Bedürfnis. Dann müssen Sie eine Toilette aufsuchen. Die Patiententoilette ist nicht für Sie da. Sie müssen auf die Personaltoilette.

Damit ist auch klar, dass eine podologische Praxis zwei voneinander getrennte Sanitärräume haben muss. Dies ist bei der Suche einer geeigneten Immobilie zu berücksichtigen.

Die Praxis meiner Frau verfügt neben der Personaltoilette über einen Pausen- bzw. Sozialraum. Wir haben ihn bei der Planung der Innengestaltung extra berücksichtigt. Meine Frau und ihre Kollegen müssen schließlich während der täglichen Arbeitszeit essen, mal einen Kaffee trinken oder, ganz anders, mit dem Steuerberater oder Firmenvertretern geschäftliche Dinge besprechen. Dafür stehen im Sozialraum ein Spülbecken, drei Stühle, ein Tisch, ein Kühlschrank, eine Kaffeemaschine und ein Waschtrockner für das Waschen der gebrauchten Handtücher und das anschließende Trocknen derselben sowie ein Wäscheständer zur Verfügung.
Der Bürobereich wurde in den Empfangsbereich eingegliedert.

Damit haben wir alle Bereiche der Praxis mit ihren besonderen Teilaufgaben berücksichtigt. In einem weiteren Schritt wird für die zugeordnete Ausrüstung ein Preis ermittelt (siehe Tabelle auf S. 95/96).

Die Investitionskosten beginnen nach unserer Recherche bei rund 10.000 Euro und können auch gern mehr als das Doppelte betragen.

Für die Ermittlung Ihres konkreten Investitionsbedarfes ist es zunächst erforderlich, dass Sie konkrete Vorstellungen über Ihre Zielgruppe und das soziale Umfeld Ihrer künftigen Praxis entwickeln. Davon hängen ganz wesentlich die Anforderungen an Funktionalität, Qualität und Design der künftigen Praxisausstattung und deren marktgerechter Preis ab.

Bei der kreativen Entwicklung der eigenen Vorstellungen über die künftige Praxis ist außerdem zu berücksichtigen, dass der über Kredit finanzierte Investitionsbedarf auch getilgt werden muss und Zinsen zu zahlen sind. Da sind 10.000 Euro Kredit leichter zu stemmen als 30.000 Euro.

Bereich	Ausrüstung	nötig – Preis in €		zusätzlich – Preis in €	Bemer-kung
		von	bis		
Eingangs- und Ausgangsbereich	Schmutzfänger			15	
	Feuerlöscher	50	50		
Empfangs- und Verabschiedungs-bereich	Kleiderständer			40	
	Schirmständer			30	
	Empfangstheke			650	
	Terminkalender	20	50		
Wartebereich	2 Besucherstühle	100	250		
	1 Ablagetisch	70	200		
Verkaufsbereich	Glasvitrine			120	
	Barkasse	30	50		
	EC-Cash-Gerät				
Behandlungs-bereich	Handdesinfektion	10	35		
	Schrank	150	1.135		
	Sitzgelegenheit	400	600		
	Kleiderablage	40	40		
	Behandlungsausstattung für Hausbesuche	1.400	2.000		
	Fußwaschung	140	140		
	Fräsgerät	1.300	1.850		
	Patientenstuhl	2.400	6.300		
	Lupenleuchte	350	600		
	Behälter für Tupfer	20	20		
	5x Instrumentensätze	1.000	1.250		
	Entsorgungsbehälter	20	20		
	Verbandschere	25	25		
	Pinzette	20	20		
Sanitärbereich für Patienten	Handdesinfektion	10	35		

Bereich	Ausrüstung	nötig – Preis in €		zusätzlich – Preis in €	Bemerkung
		von	bis		
Hygienebereich	Autoklav	1.500	5.700		outsourcen
	Ultraschallreiniger	200	850		
	Folienschweißgerät	400	1.800		
Personaltoilette	Handdesinfektion	10	35		
Bürobereich	Telefon	40	60		
	Notebook	350	1.500		
	Drucker	70	700		
	Karteikartenschrank	400	1.000		
	Aktenschrank	100	350		
Sozialbereich / Pausenraum	2x Stühle			250	
	Tisch			100	
	Schrank			350	
	Kaffeemaschine			50	
	4x Tassenset			50	
	Spüle			200	
	Waschmaschine			500	
	Trockner			500	
		10.625	**26.665**	**2.855**	

Und damit sind wir wieder beim Eingangssatz des Kapitels, dass die Einrichtung einer gehobenen podologischen Praxis rund 30.000 Euro kostet. Jetzt wissen wir, dass das schon möglich ist. Aber in dieser Praxis steht sicher nur exklusive Ausrüstung. Ob das dort auch wirtschaftlich sinnvoll ist, wissen wir nicht.

Wir orientieren uns im Folgenden am unteren Rand der Investitionskosten zuzüglich der zusätzlich aufgeführten Ausrüstung bzw. Ausstattung. Eine Praxis mit der dort veranschlagten Ausstattung entspricht dem Standard.
Die Investitionskosten lassen sich eventuell senken durch den Kauf gebrauchter, aber funktionsfähiger und optisch ansprechender Gerätschaften oder das Outsourcen von Leistungen für die Desinfektion von Bestecken.

Für die Einrichtung einer podologischen Praxis mit einem Behandlungsbereich veranschlagen wir rund 13.000 Euro.

Hinzu kommen die Kosten für den (Erst-)Bestand an kurzlebigen Verbrauchsmitteln wie Desinfektions- und Reinigungsmittel, mit dem die Praxis zum Zeitpunkt der Geschäftseröffnung startet (ca. 400 Euro).

Muss die Immobilie den Bedürfnissen einer podologischen Praxis durch den Einbau einer Patiententoilette, von Stellwänden oder zusätzlichen Wasch- oder Fußwaschbecken oder durch Malerarbeiten angepasst werden, erhöht sich die Gesamtinvestition um den Betrag der Handwerkerrechnungen.

13 Ausgabenrechnungen

Der Betrieb einer podologischen Praxis verursacht natürlich auch Ausgaben für den laufenden Betrieb.

Was ist noch einmal eine Ausgabe?

Mit einer Ausgabe wird das vorhandene Geldvermögen der Praxis (Geldvermögen = Zahlungsmittelbestand + Bestand an Geldforderungen – Bestand an Geldverbindlichkeiten) vermindert. Eine Ausgabe liegt also beim Abfluss von Zahlungsmitteln und/ oder beim Eingehen von Zahlungsverpflichtungen in Form von Geldverbindlichkeiten, z. B. beim Gütereinkauf auf Kredit, vor.

Wir können unmöglich alle Ausgaben vorhersehen, aber wir können die voraussichtlichen monatlichen Ausgaben mittels einer Ausgabeliste konkretisieren (siehe Tabelle S. 100).

Die Ausgabenkalkulation für unsere Ein-Kabinen-Praxis beträgt rund 2.400 Euro pro Monat.

Diese Ausgaben lassen sich für Ihre eigene Praxis wegen der unterschiedlichen örtlichen Bedingungen (Großstadt oder ländliche Gegend, soziale und Einkommensstruktur der Bevölkerung am Standort der Praxis, Zinsniveau, Kosten der Gemeinden und Versorger) nicht exakt vorhersagen, das heißt, geringe Abweichungen sind möglich.

Ausgabe	**geplante Ausgaben in €**	**Bemerkung**
Personal	0,00	
Sozialabgaben, Steuern (30 %)	0,00	
Fremdleistungen (Steuerberater)	250,00	
Bestecke, Desinfektionsmittel, Reinigungsmittel, Toilettenhygiene, Papierhandtücher, Dokumentations- mappen	400,00	
Werbung (Flyer, Inserate, Beschriftungen, Visitenkarten)	50,00	
Miete	739,20	max. 10 % vom Umsatz 7.392 €
Strom	200,00	Die Stromkosten sind relativ hoch; die Beleuchtung und die Geräte sind ganztägig in Betrieb.
Wasser	100,00	
Heizung	100,00	
Kommunikation (Telefon, Fax, Internet)	50,00	
Müllabfuhr	100,00	
Kreditkartenabgaben	0,00	
EC-Cash-Gerät	0,00	
Fortbildung	35,00	
Steuern auf Verkäufe	0,00	
Kundenbetreuung	100,00	
Leasing	0,00	
Fahrtkosten (Wohnung-Betrieb 10km)	54,00	5l x 400km/100km x 1,35 €
Versicherungen (Berufshaftpflicht, Betriebshaftpflicht, BGW-Beitrag)	27,30	
Tilgungskosten (13.000 € Kredit)	216,67	Geschäftskredit, 5 Jahre Laufzeit
Zinskosten (4 % p.a.)	43,33	anfänglicher Zins
	2.465,50	

Wichtig ist aber, dass Ihre tatsächlichen Ausgaben, insbesondere die Mietausgaben, nicht deutlich höher sind als in unserer Modellrechnung.

Die tatsächlichen monatlichen Ausgaben lassen sich später den betriebswirtschaftlichen Analysen Ihres Steuerberaters entnehmen. Sind Ihre tatsächlichen monatlichen Ausgaben höher als in der Modellrechnung, verringert sich Ihr monatliches Einkommen in gleichem Maß.

14 Rechnungswesen in der Podologie – Ausgaben

Alle im Kapitel „Ausgabenrechnungen“ aufgeführten Ausgaben werden bar geleistet oder mittels Überweisung, also unbar, getätigt. Auch diese Betriebsausgaben sind nachzuweisen.

Werden Ausgaben bar geleistet, erhält der Podologe einen **Kassenbon** oder eine **Quittung**. Diese werden durchgehend nummeriert und sind in das **Kassenbuch** in der Spalte „Ausgaben“ einzutragen.

Werden **Rechnungen** unbar, also mittels Überweisung, getätigt, behält der Podologe die **Kopie des Überweisungsträgers** oder einen Ausdruck der getätigten Überweisung bei Online-Überweisungen. Diese Belege werden zusammen mit den Kontoauszügen dem Steuerberater übergeben.

Für Ausgaben sind also folgende Unterlagen Buchhaltungsdokumente:

- Kassenbon oder Quittung
- Kassenbuch
- Rechnung
- Kopie des Überweisungsträgers, Kontoauszüge

Die Kassenbons und Quittungen für bar bezahlte Ausgaben werden durchgehend nummeriert, dem Kassenbuch beigelegt und in der Spalte „Ausgaben“ mit der vergebenen Nummer aufgeführt, z. B.:

- Kaffee, Belegnummer 1: 5,90 €
- Waschpulver, Belegnummer 2: 12,99 €

- Zeitschriften, Belegnummer 3: 7,48 €
- Bürobedarf, Belegnummer 4: 3,75 €

Werden mehrere Artikel in einem Geschäft gekauft und auf einem Kassenbon nachgewiesen, wird dieser Bon im Kassenbuch aufgeführt, z. B.:

- REWE Diverses, Belegnummer 5: 27,84 €

Entnimmt der Podologe der Barkasse Geld für den Eigenbedarf, erstellt er einen Eigenbeleg:

- Privatentnahme, Belegnummer 6: 100,00 €

Ist keine Zeile auf dem Blatt bzw. der Seite im Kassenbuch mehr frei, werden die auf der Seite aufgeführten Einnahmen und Ausgaben getrennt zusammengerechnet:

Einnahmen: 141,50 € Ausgaben: 157,96 €

Zu den Einnahmen wird der Kassenanfangsbestand aufgeführt und anschließend werden die Gesamteinnahmen ermittelt:

Einnahme:	141,50 €
Kassenanfangsbestand:	100,00 €
Einnahmen:	241,50 €

Von diesen Gesamteinnahmen werden die Ausgaben abgezogen und der Kassenendbestand wird ermittelt:

Einnahmen:	241,50 €
Abzüglich Ausgaben:	157,96 €
Kassenendbestand:	83,54 €

Dieser Kassenendbetrag wird auf der folgenden Seite des Kassenbuches in das Feld „Anfangsbestand/Übertrag“ in die Spalte „Einnahmen" übertragen. Damit sind alle Einnahmen und Ausgaben des 7. März 2020 nachgewiesen:

Kassenbuch

Name: Max Füßeschön — Monat: März — Jahr: 2020
Mand.Nr.: — Blatt: 1

Einnahmen	Ausgaben	Bestand	Gegen-Konto	Beleg Nr.	Datum	USt. Satz	Text
Anfangsbestand/Übertrag		100,00					
38,00					7.		Tagesumsatz 0%
103,50					7.		Tagesumsatz 19%
	5,90			1	7.		Kaffee
	12,99			2	7.		Waschpulver
	7,48			3	7.		Zeitschriften
	3,75			4	7.		Bürobedarf
	27,84			5	7.		REWE Diverses
	100,00			6	7.		Privatentnahme
141,50	157,96	◄ Summen			Unterschrift:		
100,00	83,54	◄ Anfangsbestand / Endbestand			geprüft:		
241,50	241,50	◄ Summen-Kontrolle			gebucht:		

Abb. 27: Kassenbuch (Bareinnahmen, Barausgaben)

Diese Rechnung lässt sich auch am Ende jedes Arbeitstages erstellen. So lässt sich jederzeit prüfen, ob die Barkasse stimmt.

In der Barkasse kann niemals weniger als nichts sein. Ein negativer Kassenendbetrag ist also zu keinem Zeitpunkt möglich.

Wie bereits erwähnt, haben unbare Zahlungsvorgänge im Kassenbuch nichts zu suchen. Sie werden über die Auszüge des Geschäftskontos sowie die Händlerbelege des EC-Cash-Gerätes nachgewiesen.

15 Einnahmen-Ausgaben-Rechnung

Unter einer Einnahmen-Ausgaben-Rechnung versteht man die einfache Form einer Buchführung. Hierbei werden lediglich die Einnahmen und die Ausgaben der Praxis für ein bestimmtes Kalenderjahr aufgelistet.

Bei dieser Rechnung spielt es keine Rolle, ob die Einnahmen oder Ausgaben in bar oder über ein Bankkonto getätigt wurden.

Die Einnahmen-Ausgaben-Rechnung ist das wichtigste Kontroll- und Entscheidungsinstrument des Podologen, um zu prüfen und zu entscheiden, ob

- es sich lohnt, die Praxis aufzubauen,
- er sich selbstständig macht,
- die Praxis den geplanten Gewinn erwirtschaftet,
- er die richtige Entscheidung für Veränderungen in der Praxis getroffen hat.

Wir ermitteln mit dieser Methode unser voraussichtliches monatliches Betriebsergebnis, welches zugleich der voraussichtliche Gewinn des Praxisbetreibers ist:

Einnahmen:	7.392,00 € pro Monat
- Ausgaben:	2.500,00 € pro Monat
Ergebnis:	4.892,00 € pro Monat

Der mögliche Gewinn pro Behandlungskabine beträgt demnach rund 4.800 € pro Monat.

Kapitel 15

Er ließe sich in Maßen steigern durch

- die Reduzierung von Ausfallzeiten (einkalkuliert im Modell sind 20 % = rund 10 Wochen pro Jahr),
- den Verkauf von podologienahen Produkten, wie Cremes, Salben, Pflegeprodukten, oder
- den Verkauf auszusondernder Ausrüstung oder Ausstattung.

Leider ist der Gewinn nicht der Betrag, den der Podologe monatlich zur persönlichen Verfügung hat. Zuvor sind zu zahlen

- Steuern (der individuelle Steuersatz wird vom Finanzamt festgesetzt),
- Krankenversicherung (14,6 %),
- Rentenversicherung (18,6 %),
- Pflegeversicherung (3 %).

Nach Abzug der Sozialversicherungskosten (36,2 %) verbleiben dem Podologen nach der hier vorgenommenen Modellrechnung etwa rund 2.700 Euro abzüglich Einkommenssteuern (bis zu 750 €). Legen Sie bitte von Ihrem Einkommen monatlich 500 Euro für die Einkommenssteuer zurück, sonst bekommen Sie am Ende des Jahres mit Eintreffen des Einkommenssteuerbescheides echte Schwierigkeiten.
Die betriebswirtschaftlichen Analysen des Steuerberaters geben Auskunft über den monatlichen Gewinn.

Wenn die Praxis nicht den erwarteten Gewinn abwirft, müssen die monatlichen Ausgaben mit den Ausgabepositionen unserer Modellrechnung abgeglichen, überdacht und ggf. angepasst werden. Der Podologe kann später die Richtigkeit seiner künftigen Entscheidungen für Veränderungen in der Praxis prüfen: Wurde der Gewinn größer oder nicht?

16 Stückkostenrechnung

Eine podologische Praxis ist prinzipiell ein sehr übersichtlicher Wirtschaftsbetrieb. Für den Podologen ist es aber trotzdem wichtig zu wissen, wie viel eine podologische Behandlung bzw. ein Patient der Praxis im Durchschnitt planmäßig kostet.

Diese Information lässt sich aus der oben hergeleiteten Ausgabenliste und der monatlichen Arbeitsleistung herleiten: Ausgaben pro Monat / Anzahl der podologischen Behandlungen pro Monat:

2.465,50 € Ausgaben pro Monat /
220 podologische Behandlungen pro Monat
= 11,21 € Praxis- und Behandlungskosten
pro podologischer Behandlung

Wenn wir davon ausgehen, dass unsere Kosten auch im Urlaubs- und Krankenfall weiterlaufen:

2.465,50 € Ausgaben pro Monat x 12 Monate /
220 Podologische Behandlungen pro Monat x 10 Monate
= 13,45 € Praxis- und Behandlungskosten pro podologischer Behandlung

Jeder Patient kostet unserer podologischen Praxis demnach durchschnittlich 13,45 Euro.

Die Rücklagen für die Neuanschaffungen entsprechen den Tilgungskosten des Geschäftskredites und sind somit schon Bestandteil der Rechnung.

Kapitel 16

Die Rücklage für die ständige Erneuerung der Praxis
beträgt in unserem Modell etwa 1,00 Euro pro Behandlung:
13.000 € Kredit / 5 Jahre Laufzeit / 12 Monate
= 216,67 € pro Monat / 220 Behandlungen pro Monat
= 0,99 € pro Behandlung

Der Praxisbetreiber sollte seine Praxiseinrichtung regelmäßig erneuern. Wenn er das nicht tut, sitzt er eines Tages in einer abgewirtschafteten Bruchbude. Das sehen auch die Patienten und suchen sich dann eine andere Praxis.

Die regelmäßige Erneuerung der Praxiseinrichtung/-ausstattung ist also auch eine Maßnahme zur Einkommenssicherung.

Dem selbst arbeitenden Podologen verbleiben von den 42,00 Euro Entgelt für eine podologische Komplexbehandlung insgesamt 26,99 Euro bzw. rund 28,55 Euro vor Steuern und Abgaben.

Die Kenntnis der Stückkosten wird insbesondere dann wichtig, wenn der Praxisbetreiber später einmal expandieren will und Lohnkosten für einen zusätzlichen, abhängig beschäftigten Podologen ermitteln muss.

17 Ermittlung von Lohnkosten

Bei der Ermittlung von Lohnkosten sind zunächst einige Rahmenbedingungen zu beachten:

1. § 3 „Arbeitszeit der Arbeitnehmer" des Arbeitszeitgesetzes (ArbZG) bestimmt, dass die werktägliche Arbeitszeit der Arbeitnehmer acht Stunden nicht überschreiten darf.
2. § 3 „Dauer des Urlaubs" des Mindesturlaubsgesetzes für Arbeitnehmer (Bundesurlaubsgesetz) bestimmt, dass der Urlaub jährlich mindestens 24 Werktage beträgt. Als Werktage gelten alle Kalendertage, die nicht Sonn- oder gesetzliche Feiertage sind.
3. § 3 „Anspruch auf Entgeltfortzahlung im Krankheitsfall" des Gesetzes über die Zahlung des Arbeitsentgelts an Feiertagen und im Krankheitsfall (Entgeltfortzahlungsgesetz) bestimmt, dass ein Arbeitnehmer, der durch Arbeitsunfähigkeit infolge Krankheit an seiner Arbeitsleistung verhindert ist, ohne dass ihn ein Verschulden trifft, Anspruch auf Entgeltfortzahlung im Krankheitsfall durch den Arbeitgeber für die Zeit der Arbeitsunfähigkeit bis zu einer Dauer von sechs Wochen hat. Dies könnte mehrmals im Jahr passieren.
4. Feiertage führen erfahrungsgemäß zu etwa zwei Wochen Arbeitsausfall/Jahr.
5. § 1 „Mindestlohn" des Gesetzes zur Regelung eines allgemeinen Mindestlohns (Mindestlohngesetz – MiLoG) bestimmt, dass jede Arbeitnehmerin und jeder Arbeitnehmer Anspruch auf Zahlung eines Arbeitsentgelts mindestens in Höhe des Mindestlohns durch den Arbeitgeber hat. Vom 1. Januar 2021 an gilt ein flächendeckender Mindestlohn von 9,50 Euro brutto je Zeitstunde.

Wenn

- Ihre podologische Praxis von Montag bis Freitag geöffnet ist und
- der zusätzliche Podologe in diesen fünf Arbeitstagen voll beschäftigt werden soll und
- der Praxisbetreiber die Lohnkosten für die arbeitsfreien Arbeitstage und krankheitsbedingten Ausfälle nicht selber tragen möchte,

sind bei der Ermittlung des Entgeltes etwa 12 Wochen arbeitsfreie Zeit pro Jahr und Arbeitnehmer zu beachten.

Bei der Entgeltkalkulation ist zu beachten, dass der abhängig beschäftigte Podologe rund 52 Wochen im Jahr Entgelt erhält, aber eventuell nur rund 40 Wochen arbeitet.

In den 40 Wochen bringt der abhängig beschäftigte und voll ausgelastete Podologe folgenden Brutto-Gewinn für die Praxis:

40 Wochen x 5 Arbeitstage x 10 Patienten x 28,55 € (Kapitel 16)
= 57.100,00 € pro Jahr

Der Praxisbetreiber steht keinem Nonprofit-, sondern einem gewinnorientierten Wirtschaftsunternehmen vor. Er muss für die Sicherung seines Lebensunterhaltes Gewinn machen.

Zunächst bringt der Praxisbetreiber Zeit auf für den abhängig beschäftigten Podologen für

- die Erstellung von Arbeitsplänen,
- die Verteilung der Aufgaben,
- die fachliche Einweisung und Anleitung während der Aufgabenerledigung,

- die Kontrolle der ausgeführten Arbeiten und
- die Verwaltung des eingestellten Personals.

Zusätzlich übernimmt er mit dem abhängig beschäftigten Podologen ein Personalrisiko. Dieses kann sich schlimmstenfalls in Qualitätsmängeln, verstärkter Aufsicht und Anleitung, überhöhten Ausfalltagen, Diebstahl von Praxiseigentum oder der Verschlechterung des Betriebsklimas bemerkbar machen.

In der Heisinger Praxis kam es vor, dass Briefmarken und Briefumschläge für private Zwecke und Desinfektionsmittel und Papierhandtücher übermäßig verwendet wurden. Das kostet Geld und die Arbeitszeit des Praxisbetreibers.

Für all diese zusätzlichen Aufgaben und unwägbaren Risiken kalkulieren wir als Unternehmerlohn 35 Prozent.

Für die Entgeltzahlung verbleibt demnach:

57.100,00 € (siehe oben) - 35 % Unternehmerlohn
= 37.115,00 € pro Jahr.

Dieser Betrag beinhaltet sowohl den Bruttolohn als auch die rund 21 Prozent Arbeitgeberkosten zur Sozialversicherung. Damit verbleiben dem abhängig beschäftigten Podologen:

37.115 € - 21 % Arbeitgeberkosten
zur Sozialversicherung = 29.320,85 € pro Jahr
bzw.
2.443,40 € pro Monat brutto

Einem abhängig beschäftigten Podologen kann bei voller Auslastung demnach maximal 2.400 Euro brutto pro Monat gezahlt werden.

Das entspricht einem durchschnittlichen Stundenlohn von 13,85 Euro und kollidiert nicht mit dem aktuellen Mindestlohngesetz:

(2.400 € x 3 Monate) / (40 Stunden x 13 Wochen).

Heute sind damit abhängige Beschäftigungsverhältnisse in einer podologischen Praxis durchaus möglich.

Die Heisinger Praxis wurde 2015 übernommen. Zu dieser Zeit vergüteten die GKV noch etwa 27,80 Euro für eine podologische Komplexbehandlung. Nach der oben hergeleiteten Entgeltzahlung würde das Entgelt eines abhängig beschäftigten Podologen betragen:

40 Wochen x 5 Arbeitstage x 10 Patienten x
(27,80 € - 10,79 € Behandlungskosten pro Patient)
= 34.020 € pro Jahr
34.020 € p.a. – 35 % Unternehmerlohn bzw. Unternehmerrisiko
= 22.113 € pro Jahr
22.113 € p.a. – 21 % Arbeitgeberbeiträge zur Sozialversicherung
= 17.469,27 € Bruttolohn pro Jahr
17.469,27 € p.a. / 12 Monate = 1.455,77 € brutto pro Monat
(1.455,77 € p.M. x 3 Monate) / (40 Stunden/Woche x 13 Wochen)
= 8,40 € pro Stunde brutto

Der Mindestlohn im Jahr 2015 betrug 8,50 Euro pro Stunde brutto. Es war 2015 objektiv gar nicht möglich, einen Podologen mit einem Arbeitsvertrag zu beschäftigen.

Viele podologischen Praxen behalfen sich mit einem „freien Mitarbeiter". Für diesen wurden keine Sozialbeiträge gezahlt. Für die Entgeltzahlungen standen demnach etwa 11,90 Euro pro Patient zur Verfügung (27,80 Euro Entgelt pro Patient – 10,79 Euro Behandlungskosten pro Patient – 35 Prozent Unternehmerlohn). Diese konnten an den freien Mitarbeiter weitergegeben werden. Diese Verfahrensweise wurde jedoch schon 2014 vom Landessozialgericht Bayern und 2016 dann endgültig auch vom Bundessozialgericht als rechtswidrig verworfen.
Was sollten jetzt die selbstständigen Podologen mit Mehr-Kabinen-Praxen tun? Den Mindestlohn konnten sie nicht zahlen und „freie" Mitarbeiter gab es nicht mehr.
An dieser Stelle kommen wir wieder auf das Arbeitssystemmodell zurück. Der Praxisbetreiber musste auf die veränderten Umweltbedingungen, die von außen die Praxis beeinflussen, reagieren.

Dies geschah durch

- die Schließung von podologischen Mehr-Kabinen-Praxen,
- die Verkleinerung der podologischen Praxen,
- die Veränderung des Geschäftsmodells. Aus den „freien" Mitarbeitern wurden selbstständige Podologen in einer Gemeinschaftspraxis oder Praxisgemeinschaft als zulässige Kooperationsform gemäß Nr. 4, Teil 1 der Zulassungsempfehlung nach § 124 Abs. 4 SGB V i. d. F. vom 26. November 2018.

Dort heißt es:

In einer **Praxisgemeinschaft** schließen sich rechtlich eigenständige Leistungserbringer aus einem oder mehreren Heilmittelbereich(en) zur gemeinsamen Nutzung der Praxisausstattung bzw. -räume zusammen. Ein getrennter Nachweis der Praxisausstattung ist nur bei interdisziplinären Praxen erforderlich. Jeder dieser Leistungserbringer erhält eine Zulassung und rechnet die erbrachten Leistungen unter seinem eigenen Institutionskennzeichen ab. Die Größe und Aufteilung der Praxisräume muss der Anzahl der gleichzeitig tätigen Therapeuten entsprechen. Gleichzeitig tätige Therapeuten können neben abhängig Beschäftigten auch unständig Beschäftigte sowie freie Mitarbeiter sein.

In einer **Gemeinschaftspraxis** schließen sich Leistungserbringer aus einem oder mehreren Heilmittelbereich(en) zur gemeinsamen Berufsausübung und Gewinnerzielung mit einer Praxis (-ausstattung) zusammen. Die Größe und Aufteilung der Praxisräume muss der Anzahl der gleichzeitig tätigen Therapeuten entsprechen. Gleichzeitig tätige Therapeuten können neben abhängig Beschäftigten auch unständig Beschäftigte sowie freie Mitarbeiter sein.

Meine Frau entschied sich für die Organisationsform „Praxisgemeinschaft". Alle drei Podologen teilen sich die Ressourcen, wie Praxisräume, Geräte und Personal, und die damit entstehenden Kosten. Alle arbeiten jedoch wirtschaftlich unabhängig.

18 Der Weg zur eigenen Praxis

Nun haben wir eigentlich alles bedacht, was zu bedenken ist, und können uns um die Beschaffung einer eigenen Praxis kümmern. Um zu einer eigenen Praxis zu kommen, gibt es in der Regel zwei Wege:

- eine Praxis selber aufbauen
- eine Praxis kaufen

18.1 Eine Praxis aufbauen

Der Aufbau einer eigenen Praxis kostet Sie

- **Zeit** für die Suche einer geeigneten Immobilie und ggf.
- Zeit für Absprachen mit und für Kontrollen der Handwerker für eventuelle Umbauarbeiten, dazu
- Zeit für die Beschaffung der Praxisausstattung und Arbeitsmittel

sowie

- Geld in Form von **Investitionen** (rund 13.000 Euro zuzüglich eventueller Handwerkerleistungen) und in der Aufbauphase von noch nicht realisiertem Einkommen. Dieses wäre mit einem **Liquiditätskredit** auszugleichen.

und

- **Geduld** bei der Suche nach einer geeigneten Immobilie.

Wenn eine Praxis neu gegründet wird, ist kaum davon auszugehen, dass sie vom Start weg voll ausgebucht sein wird.

Patienten und Kunden müssen Kenntnis erhalten von der Praxis und ihren Leistungen. Sie müssen sich die Praxis ansehen, vielleicht mal ausprobieren, das Erlebte vergleichen mit dem bisherigen Zustand, darüber reden. Wenn alles passt, dann kommen sie wieder.

Dieser Übergangszeitraum muss in den Umsatz- und Einkommenszielen geplant werden. So ein Plan schafft Sicherheit und Sie

- werden nicht wegen jeder Lücke im Terminkalender nervös,
- können den benötigten Liquiditätsbedarf bzw. -kredit ermitteln und steuern und
- Ihren Geschäftserfolg kontrollieren.

Der Umsatzverlust der Anfangszeit bzw. der Liquiditätsbedarf und Geschäftserfolg kann wie folgt kalkuliert werden:

Geschäftsmonat Nr.	Auslastung in %
1	10
2	20
3	30
4	40
5	50
6	60
7	70
8	80
9	90
10	100
11	100
12	100

Der so kalkulierte Gesamtzeitraum mit einem vollständigen Umsatzverlust summiert sich auf insgesamt 4,5 Monate:

$$0{,}9 + 0{,}8 + 0{,}7 + 0{,}6 + 0{,}5 + 0{,}4 + 0{,}3 + 0{,}2 + 0{,}1 = 4{,}5$$

Der Umsatzverlust bzw. der Liquiditätskredit für die ersten neun Monate errechnet sich danach wie folgt:

4,5 Monate x 7.392 € pro Monat (Kapitel 9)
= 33.264 €

Sie können natürlich Ihren ganz eigenen Umsatzplan aufstellen, müssen dabei aber immer realistisch bleiben und dürfen sich nicht von Träumen oder Wünschen leiten lassen.

18.2 Eine Praxis kaufen (einen fairen Kaufpreis ermitteln)

Der einfachere Weg zu einer eigenen Praxis ist der Kauf einer bereits vorhandenen, gut laufenden Praxis. Damit entgehen Sie den vorübergehenden Einnahmeverlusten in der Anfangszeit Ihrer Selbstständigkeit, müssen dafür aber eventuelle Abstriche bei Ihren Vorstellungen für die Praxisgestaltung machen.

Der interessierte Käufer sollte bei der Kaufentscheidung mindestens folgende vier wichtige Dinge beachten:

1. Der interessierte künftige Praxisinhaber sollte sich, in der Regel zusammen mit seinem Steuerberater, die betriebswirtschaftlichen Analysen des Steuerberaters der letzten drei Jahre genau ansehen, um sich ein Bild davon zu machen, ob die Praxis wirklich gut läuft und den kalkulierten Gewinn abwirft (vgl. Kapitel 15).
2. Der Kaufpreis für die Praxis sollte in die oben erarbeitete Ausgabenrechnung passen. Die dort berücksichtigte Investitionssumme beträgt 13.000 Euro für unsere Ein-Kabinen-Praxis. Die Kosten für eine fünfjährige Tilgung und einen Zins von 4 Prozent betragen für eine Ein-Kabinen-Praxis dauerhaft rund

260 Euro pro Monat. Ist die Belastung höher, reduziert sich automatisch das kalkulierte Einkommen des künftigen Praxisinhabers für die Dauer von mindestens fünf Jahren.

3. Die Höhe des Kaufpreises sollte vernünftig und fair ermittelt werden. Der kaufinteressierte Podologe hört oft Verkaufsargumente wie „modern eingerichtete Praxis", „neuwertig", „gut eingeführte Praxis", „treue Stammkundschaft", „zentrumsnah", „guter Name", „gehobene Ausstattung" oder „volle Terminkalender". Das mag alles so sein, aber wir brauchen zur Entscheidungsfindung konkrete Zahlen und keine verbalen Beschreibungen und schöne Verkaufsargumente. Betriebswirtschaftlich gute Zahlen haben immer konkrete Gründe und beinhalten meistens die oben aufgeführten Argumente.
4. Der Praxisverkäufer lässt sich nicht nach dem Verkauf seiner Praxis im Umfeld wieder nieder und macht Ihnen Konkurrenz.

Aus der bisherigen Kalkulation wissen wir, dass der Wert der Einrichtung einer Ein-Kabinen-Praxis etwa 13.000 Euro und der anfängliche Gewinnverlust einer neu gegründeten Praxis für die ersten neun Monate etwa 22.000 Euro beträgt (4,5 Monate x 4.892,00 €; Kapitel 15).

Der Kaufpreis könnte sich demnach aus Einrichtungswert und anfänglichem Gewinnverlust zusammensetzen. Für unsere ausgelastete, neuwertige Ein-Kabinen-Modellpraxis würde sich danach ein Verkaufs- bzw. Kaufpreis von 35.000 Euro Euro ergeben.

Die Einrichtung einer abzugebenden Praxis dürfte aber in der Regel kaum neuwertig sein. Eher ist sie älter als fünf Jahre und damit fast gar nichts mehr wert, sodass der Restwert der Einrichtung nicht abzugelten ist.

An dieser Stelle könnte der Verkäufer auf die Idee kommen, die nicht abzugeltende Praxisausstattung mitzunehmen und anderweitig zu verwenden. Dann würde er aber keine podologische Praxis, sondern schlimmstenfalls nur leere Räume verkaufen. Deshalb bleibt alles da, wo es ist.

Zwar dürfte bei Übernahme einer Praxis auch ein Teil der Patienten bzw. Kunden verloren gehen, aber das können Sie normalerweise nicht dem Praxisverkäufer zurechnen.

Der Kaufpreis für eine Ein-Kabinen-Praxis mit dem von uns ermittelten Gewinn könnte ohne Berücksichtigung der abgeschriebenen Einrichtung also etwa 22.000 Euro betragen.

Die allgemeine Faustregel für die Ermittlung des Kaufpreises einer Ein-Kabinen-Praxis könnte sein:

Kaufpreis = Jahresgewinn / 12 Monate x 4,5 Monate anteiliger Gewinnverlust (Kapitel 18.1) + Restwert

Diese Faustregel ist nur ein Anhalt und nicht bindend oder verpflichtend. Auch geht sie davon aus, dass eine Ein-Kabinen-Praxis nur einen Eigentümer hat.

Kaufpreise sind grundsätzlich Verhandlungssache. Es sind daher auch andere Argumentationen zur Preisfindung und damit andere Preise möglich.

Der von uns auf diesem Weg ermittelte Kaufpreis von etwa 22.000 Euro für eine Ein-Kabinen-Praxis würde auch in unsere Praxiskalkulation passen:

- Monatliche Kredittilgung: 22.000 € / 5 Jahre / 12 Monate = 366,67 €
- anfängliche monatliche Zinszahlung 4 %: 22.000 € x 0,04 = 73,33 €

Die Kreditkosten für den Kauf betragen somit insgesamt monatlich rund 440 Euro. Dafür entfallen der Investitionskredit von rund 260 Euro monatlich (vgl. Kapitel 13) sowie die anfänglichen Einkommensverluste und der Liquiditätskredit.

Der Kaufpreis für eine Mehr-Kabinen-Praxis hängt im Wesentlichen von den Eigentumsverhältnissen, der Organisationsform der Praxis und damit der Gewinnaufteilung ab. Er ist daher deutlich schwieriger zu ermitteln.

Der mögliche Verkaufspreis für die Heisinger Drei-Kabinen-Praxisgemeinschaft im Alleineigentum meiner Frau ließe sich wie folgt ermitteln:

	Kabine 1		
Anzahl Patienten pro Tag	12		
Heilmittelverordnung/kein Rezept	6	6	
Entgelt pro Komplexbehandlung in €	37,78	35	
Abzüge pro Patient:			
Praxiskosten in €	6	6	
Mehrwertsteuer 19 % in €		6,65	
Lücken im Terminkalender 5 % in €	1,89	1,75	
Urlaub 8,5 % gleich 4 Wochen in €	3,21	2,98	
Gewinn pro Patient o. Kunde	26,68	17,63	
Gewinn pro Tag in €	160,08	105,75	265,83
Gewinn pro Monat in € (20 AT)			5.316,56
Gewinn pro Jahr in €			**63.798,77**

Die beiden anderen Kabinen erbringen nicht diesen Jahresertrag. Sie sind mit jeweils einem selbstständigen Podologen besetzt. Sie arbeiten beide auf eigene Rechnung. Ihre Kostenbeiträge betragen jeweils 1.100 Euro pro Monat.

Der mögliche Verkaufspreis für diese Mehr-Kabinen-Praxis könnte danach wie folgt betragen:

Verkaufspreis = (4,5 Monate x 5.316,56 € Monatsgewinn aus Kabine 1) + (2 Kabinen x 4,5 Monate x 1.100 € Monatsmiete für die Kabinen 2 und 3) = 33.824,52 €

Der aktuelle Verkaufspreis der Heisinger Praxis würde demnach rund 35.000 Euro ohne den Restwert der Einrichtung betragen.

Der Wert der Praxis würde danach steigen, wenn

- die Mieten für die Kabinen angehoben würden (bisher 1.100 Euro pro Monat),
- die Preise für Selbstzahler ohne Rezept denen der GKV angeglichen würden: (37,78 € x 19 % Mehrwertsteuer = 44,96 € für 45 Minuten Behandlungs- und Praxiszeit) statt wie bisher 35 Euro pro Kunde) und
- die Kabinen 2 und 3 mit abhängig beschäftigten Podologen besetzt wären sowie
- die Kosten reduziert würden.

19 Fazit

Wir sind am Schluss unserer Einführung zu dem Thema **betriebswirtschaftliche und organisatorische Beziehungen in und um eine podologische Praxis** angekommen. Es wurden Schritt für Schritt in kurzer und kompakter Form alle wesentlichen Aspekte der Betriebswirtschaft und Organisation einer podologischen Praxis behandelt.

So entwickeln Sie ein besseres Verständnis für diese Zusammenhänge. Das hilft Ihnen künftig dabei, über eine eigene Praxis und Ihren eventuellen Finanzierungsbedarf nachzudenken und eine rationale Entscheidung für Ihre Zukunft zu treffen.

Dieses Verständnis ermöglicht es Ihnen aber auch, als abhängig beschäftigter Podologe Entscheidungen Ihres Arbeitgebers besser zu verstehen und in Ihren Berufsalltag einzuordnen.

Falls Sie weitere Anregungen oder praxisnahe Beispiele zu diesem Buch oder Thema haben, nehme ich sie gerne entgegen.

Ich wünsche Ihnen viel Freude in Ihrem abwechslungsreichen und interessanten Beruf.

Norbert Unruh

20 Quellenverzeichnis Anmerkungen, Anhang

1 Vgl. § 2 SGB V i.V.m. § 12 Abs. 1 SGB V

2 Vgl. Vertrag nach § 125 Absatz 1 SGB V über die Versorgung mit Leistungen der Podologie und deren Vergütung vom 30. November 2020; https://www.gkv-spitzenverband.de/media/dokumente/krankenversicherung_1/ambulante_leistungen/heilmittel/heilmittel_rahmenempfehlungen/125abs1_podologie/20201130_Vertrag_125_Podologie_Heilmittel.pdf

3 Veröffentlicht in der Information über die Anwendung der Bundeshöchstpreise nach § 125b SBG V für die Vergütungsvereinbarung für Podologiepraxen.

4 Kreis Mettmann, Gesundheitsamt: „Informationsschreiben bzgl. der Durchführung des Podologengesetzes, insbesondere der Abgrenzung zwischen ‚medizinischer' und ‚kosmetischer' Fußpflege" (undatiert)

5 https://www.kaiserswerther-diakonie.de/de/ueber-die-kaiserswerther-diakonie/bildung-erziehung/bildungszentrum-fuer-gesundheitsfachberufe/aus-und-weiterbildungsangebote/podologein.html

6 https://www.verband-deutscher-podologen.de/taetigkeit-podologen/#:~:text=Podologie%20unterst%C3%BCtzt%20und%20begleitet%20Menschen,vor%20eventuellen%20Folgesch%C3%A4den%20zu%20sch%C3%BCtzen. Tätigkeit eines Podologen (Autor: Volker Pfersich B.Sc.): Podos = der Fuß (griech.) | logie = Lehre, Wissenschaft (griech.)

Podologie unterstützt und begleitet Menschen jeden Alters, die in ihrer Bewegungsfähigkeit eingeschränkt oder von Einschränkungen bedroht sind. Ziel ist, sie von akuten Fußproblemen zu befreien und vor eventuellen Folgeschäden zu schützen. Hierbei dienen spezifische Therapietechniken und -verfahren, Umweltanpassung und Beratung dazu, dem Menschen Bewegungsfähigkeit und -freiheit im Alltag und eine Verbesserung seiner Lebensqualität zu ermöglichen.

7 https://heilmittelkatalog.de/massnahmen-der-podologischen-therapie.html: Podologische Komplexbehandlung (Hornhautabtragung und Nagelbearbeitung): Die Podologische Komplexbehandlung dient der gleichzeitigen Hornhautabtragung und Nagelbearbeitung, sofern diese medizinisch erforderlich sind. Die Abtragung der verdickten Hornhaut dient der Vermeidung von drohenden Hautschädigungen wie Fissuren, Ulzera und Entzündungen durch spezifische Techniken der Schälung und des Schleifens der Haut unter Schonung der Keimschicht. Die Nagelbearbeitung dient der verletzungsfreien Beseitigung abnormer Nagelbildungen zur Vermeidung von drohenden Schäden an Nagelbett und Nagelwall durch spezifische Techniken wie Schneiden, Schleifen und/oder Fräsen.

Einwilligungserklärung

zur Durchführung einer podologischen Maßnahme

Name, Vorname: ______________________________

Adresse: ______________________________

erklärt gemäß § 630d BGB seine/ihre Einwilligung zur Durchführung folgender podologischer Maßnahme:

- ☐ Hornhautabtragung,
- ☐ Nagelbearbeitung,
- ☐ Podologische Komplexbehandlung,
- ☐ Sonstiges:

Der/Die Behandelnde hat mich gemäß § 630e BGB mündlich und rechtzeitig vor der Behandlung sowie für mich verständlich über sämtliche für die Behandlung wesentlichen Umstände aufgeklärt, insbesondere über Art, Umfang, Durchführung, zu erwartende Folgen und Risiken der Maßnahme sowie ihre Notwendigkeit, Dringlichkeit, Eignung und Erfolgsaussichten im Hinblick auf die Diagnose oder die Therapie. Ich wurde auch auf Alternativen zur Maßnahme hingewiesen.

Ich bin damit einverstanden, dass die oben aufgeführte podologische und sonstige Maßnahme vorgenommen wird.

____

Ort, Datum Unterschrift des/der Patienten/in

____

Ort, Datum Unterschrift/Stempel des/der Behandlers/in

Buchtipp

So klappt es mit der Selbstständigkeit!

„Auf eigenen Füßen“, der bewährte Ratgeber für Podologen und Fußpfleger, die sich selbstständig machen wollen, wurde vollständig überarbeitet und aktualisiert.

Übersichtlich und leicht verständlich werden alle Aspekte der Praxisgründung erklärt. Zahlreiche Tipps, Kontaktadressen auf dem neuesten Stand und noch mehr Checklisten machen das Buch zu einem wertvollen Begleiter auf dem Weg zum Erfolg. Neben den Möglichkeiten der Existenzgründung werden auch grundsätzliche Überlegungen aufgezeigt, mit denen sich jeder Gründer beim Schritt in die Selbstständigkeit auseinandersetzen sollte: Bin ich ein Unternehmertyp? Wie gebe ich meiner Praxis ein unverkennbares Profil? Welche Zielgruppe(n) will ich ansprechen? Wo finde ich Unterstützung und Beratung? Welche Fördermöglichkeiten für meine Selbstständigkeit gibt es? Darüber hinaus geht Susanne Ahrndt auf die speziellen Herausforderungen ein, die Frauen als Gründerinnen zu meistern haben, und zeigt Lösungsmöglichkeiten auf.

Alle relevanten Punkte und Hilfen rund um die Gründung einer Podologie- und Fußpflegepraxis werden aufgelistet und eingehend erläutert, von der Rechtsform, der Neugründung oder Praxisübernahme sowie der Standortwahl über die Angebotspalette und die Praxisausstattung bis hin zu versicherungstechnischen und steuerlichen Fragen.

Ein unverzichtbarer Ratgeber nicht nur, aber vor allem für Podologinnen und Podologen sowie für Fußpflegerinnen und Fußpfleger.

Susanne Ahrndt • Auf eigenen Füßen
Die erfolgreiche Praxisgründung für Podologie und Fußpflege
Verlag Neuer Merkur • ISBN 978-3-95409-061-7
420 Seiten, gebunden • 2. aktualisierte und überarbeitete Auflage
49,90 Euro • Auch als E-Book erhältlich!